电子工艺实训教程

主　编　张　伟
副主编　金翠红　孔　辉　秦海波　余文莎
主　审　黄扬帆

重庆大学出版社

内容提要

本书是“电子工艺实习”课程的实训教材。其内容包括:电子工艺发展概况及用电安全,电子元器件的分类、识别及检测,印制电路板基础知识、设计要领及制造工艺,常用工具与仪器仪表使用方法,手动焊接工具与材料、焊接方法和 SMT 表面贴装技术,超外差调幅调频收音机的原理和安装调试流程,以及有源音箱、智能小车等有趣电子产品的制作方法。

本书可作为高等学校理工科学生进行电工电子工程实训的教材,也可供相关的工程技术人员参考。

图书在版编目(CIP)数据

电子工艺实训教程 / 张伟主编. -- 重庆 : 重庆大学出版社, 2018.8
高等学校工程训练系列教材
ISBN 978-7-5689-1194-8
Ⅰ. ①电… Ⅱ. ①张… Ⅲ. ①电子技术—高等学校—教材 Ⅳ. ①TN
中国版本图书馆 CIP 数据核字(2018)第 158967 号

电子工艺实训教程

主　编　张　伟
副主编　金翠红　孔　辉　秦海波　余文莎
主　审　黄扬帆
责任编辑:曾显跃　　版式设计:曾显跃
责任校对:秦巴达　　责任印制:张　策

*

重庆大学出版社出版发行
出版人:易树平
社址:重庆市沙坪坝区大学城西路 21 号
邮编:401331
电话:(023) 88617190　88617185(中小学)
传真:(023) 88617186　88617166
网址:http://www.cqup.com.cn
邮箱:fxk@cqup.com.cn (营销中心)
全国新华书店经销
重庆华林天美印务有限公司印刷

*

开本:787mm×1092mm　1/16　印张:12.5　字数:282 千
2018 年 8 月第 1 版　　2018 年 8 月第 1 次印刷
印数:1—4 000
ISBN 978-7-5689-1194-8　　定价:30.00 元

前言

随着电子工业的飞速发展，其电子产品的生产技术日新月异，生产工艺更新换代周期越来越短，如电子管、晶体管、印制电路、集成电路、SMT 技术等，这些从实践中创造出来的电子技术及工艺，将电子工艺实习课程不断推向新的高度，成为高校工程训练与实践教学的重要组成部分。电子技术本身是一门实践性非常强的学科，而“电子工艺实习”作为工科类高校学生必修的实践教学课程，也是电子技术课的后续课程，可以看作电子技术课程的延伸和补充。该课程以学生自己动手亲自制作几个实验电子产品为教学特色，让学生在制作过程中掌握基本工艺知识，了解先进制造技术，以提高学生实践能力和创新精神为最终教学目的。

重庆大学电子工艺实习课程开设始于 20 世纪 80 年代，到现在经过许多优秀教师的辛勤耕耘，积累了丰富的教学经验，传承下来了许多图文并茂的教学资料，但遗憾的是我们一直没有正式编写一本关于电子工艺实习的教材。在学校工程培训中心任亨斌主任的精心策划和大力支持下，工程培训中心组织了多位长期从事电子工艺实训的教师，经过近一年多的辛勤努力，整理和完善了旧的教学资料，添加和充实了新的技术和工艺知识，在教材内容和知识点上，力求做到推陈出新，本书重点放在培养工程意识、增强工程观念，编写时注重电子工艺基础知识的介绍，强调现代电子工艺新方法、新工艺的贯通，这样既丰富了内容，又增强了实用性。

本书共分为 6 章，第 1 章介绍了电子技术工艺的发展概况，以及电子工艺实习内容和安全操作常识；第 2 章介绍了常用元器件的基础知识，让学生在制作电子产品时具有选用元器件的能力；第 3 章介绍了印制电路板的设计方法和制作工艺；第 4 章介绍了电子工艺实习课程中经常需要应用到的工具和仪器，让学生能正确认识和掌握工具的使用方法；第 5 章重点介绍了手工焊接工艺和操作要领，同时介绍了工业上广泛使用的表面贴装技术（SMT）的知识和工艺特点；第 6 章通过多个综合实训项目的介绍，让学生经历从认识电路的组成开始，到选用电子元器件，再到安装、调试电子产品的全过程。

本书由张伟担任主编，由金翠红、孔辉、秦海波、余文莎担任副主编。全书由张伟、金翠红负责统稿和定编。第1章由张伟编写，第2、3章由秦海波编写，第4、5章由余文莎编写，第6章由金翠红、孔辉编写。吕文兵参与了书中图片及视频资料的编辑整理，李祥宏参与了2、3章的资料收集和整理，杨启帆参与了4、5、6章的资料收集和整理。

在本书的编写过程中，得到了重庆大学通信学院黄扬帆教授的精心指导并审稿。本书引用和参考了许多网络资源，有部分资料找不到出处，在此一并感谢原作者对教育工作的支持。

由于时间仓促，加之编写水平有限，书中错误和不足之处在所难免，恳请广大读者提出宝贵意见，以便今后改进。

编　者

2018年3月

目录

第 1 章 电子工艺实习概论

本章摘要：自 20 世纪 90 年代以来，我国的电子信息产业高速发展，中国已经成为电子产品生产大国，并正向着电子产品制造强国迈进。拆开任意一款手机、电脑等电子产品，可以看到许许多多的电子元器件，那么，电子产品是怎样制造出来的？如何把各种元器件连接起来实现各种电路功能的？电子工艺实习课就是要回答这些问题。本章首先介绍电子工艺技术的发展历程，再让学生了解电子工艺实习课程的内容安排，最后阐述一下实习中的用电安全。

知识点：

①熟悉电子工艺技术的发展历程。

②让学生了解电子工艺实习课课程内容构成。

③电子工艺实习中做到安全操作。

学习目标：

了解电子产品的制造体系构成，了解电子工艺实习对培养学生工程素养的重要意义。

1.1 电子制造工艺的基本概念

工艺和制造是同步发展的一种生产应用技术。工艺即是制造产品的方法和流程。电子工艺是电子制造技术的核心，拆开任意一款电子产品，都能看到许多大小不同、形状各异的电子元器件以及印制电路板（简称 PCB 板），还有把它们连接起来实现各种产品功能的组装技术，这里面包含了许许多多的电子制造工艺。一般来讲，一个电子产品的制造大致包括以下环节：电子产品的市场分析，整体方案电路原理设计，工程结构设计，工艺设计，零部件检测、加工、组装、质量控制，市场营销和售后服务等，其中电子制造工艺技术贯穿了从电子产品的设计到制造的全过程，如图 1.1 所示。它包括两个部分：基础电子制造工艺、电子产品制造工艺。基础电子制造工艺又包括以半导体集成电路为代表的微电子制造工艺、无源元件制造工艺及印制电路板制造工艺。电子产品制造工艺(电子组装工艺)又包括印制电路板组件(PCBA)制造工艺、其他电子零部件制造工艺、整机组装工艺等。

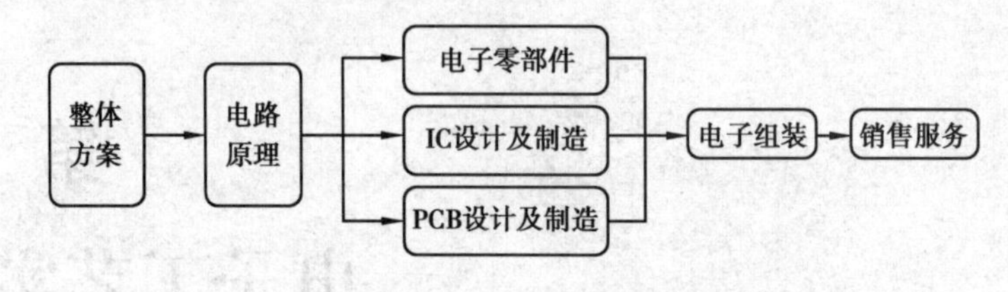

图 1.1　电子产品的制造体系

1.2　电子工艺技术发展概述

19 世纪末,电报、电话的发明及应用开创了电子产品的先河,而印制电路板技术的逐渐完善和广泛应用,产生了工业生产意义上的电子组装技术。从 20 世纪初到现在大致经过了 4 代电子制造工艺技术的发展历程(表 1.1):电子管时代(以电子管收音机为代表的手工装联焊接技术)、晶体管时代(以电视机为代表的通孔插装技术 THT,伴随着单双面 PCB 的大批量生产)、集成电路时代(以电脑、数码产品为代表的表面组装技术 SMT,伴随着多层 PCB 的大批量生产)、超大规模集成电路时代(以 MEMS 为代表的微组装技术 MPT 的应用)。

表 1.1　电子工艺技术的发展历程

年　代	1950 年以前(第一代)	1950—1970 年(第二代)	1970—1990 年(第三代)	1990 年以后(第四代)
组装技术	手工装联焊接	通孔插装技术(THT)	表面组装技术(SMT)	微组装技术(MPT)
电子元器件及特点	电子管,长引线大型电阻(电容、电感)	晶体管,中小规模 IC	大规模、微型封装 IC,片式电阻(电容、电感)	超大规模 IC,复合元件模块、三维载体
电路基板	金属底盘连接端子加导线	单、双面印制电路板	多层高密度板、陶瓷基板、挠性板等	陶瓷多层印制板、元件基板复合化
工艺特点	捆扎导线、手工电烙铁焊接	手工/机器插装、浸焊/波峰焊	两面表面贴装、再流焊、3D 封装/组装	多层、高密度、立体化、系统化组装
典型产品实例	电子管收音机、电子管电视机	晶体管收音机、晶体管电视机	手机、电脑、数码产品、汽车电子	智能传感器、微型机器人等
制造模式	手工操作,产量低,价格高,品种少	机器制造,产量高,品种增加	自动化、规模化生产,产量大,品种多	自动化、规模化生产,应用范围和领域不断扩展

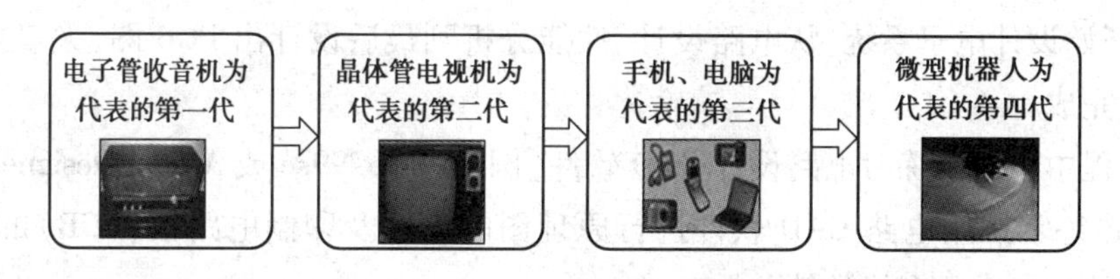

图1.2　四代电子产品中的典型实例

电子制造工艺技术处于电子制造产业链的中间环节,对整个产业的发展具有承上启下的关键作用,先进电子组装技术的发展和应用,在一个国家的电子工业和信息化产业发展中又起到非常重要的作用。

1.3　电子工艺实习内容

电子工艺实习是一门重要的基础实践课程,是大学生工程训练的基础环节之一,为理工科类学生今后的课程设计、毕业设计准备必要工艺知识和操作技能。教学的基本目标是让学生了解电子产品制造工艺过程,同时培养学生的工程素养和工程实践能力。

电子工艺实习一般分为以下三个层次的训练:

1.3.1　基础训练

(1)常用电子工具与仪器仪表的使用训练

让学生熟练掌握尖嘴钳、螺丝刀、斜口钳、剥线钳、镊子、电烙铁等常用电工工具的正确使用方法。熟悉万用表、示波器、频率调幅信号发生器等常用的仪器仪表的使用。

(2)电子元器件的识别和测试训练

电阻、电容等是电子产品的基础元器件,它们的识别和测试是电子工艺实习教学内容的重要环节。让学生了解和识别有源元件和无源元件、插装元件与贴片元件等常用的电子元器件。

(3)以手工电烙铁焊接技术为基础的组装训练

手工电烙铁焊接是电子组装的基础,将电子元器件既牢固又美观地焊接在PCB上是电子工艺实训的重点训练项目,它是理工科类学生必须具备的实践能力。实习产品的制作绝大部分是通过手工焊接完成的,掌握手工焊接技术,对今后工作中的技术改造、科研项目的完成等都大有益处。因此,实训学生必须学会而且要掌握手工焊接这门实用技术。

1.3.2　综合训练

(1)EDA(电子设计自动化)实训

EDA技术是指以计算机为工作平台,融合了应用电子技术、计算机技术、信息处理及智能化技术的最新成果,进行电子产品的自动化设计。利用EDA工具,电子设计者可以从概念、算法、协议等开始设计电子系统，从电路设计、性能分析到最后设计出 PCB 图，大量工作可以通过计算机来完成。

实习过程中让学生练习电路设计 CAD 软件(例如:Protel99se 或 Altium Designer)的使用方法和技巧，熟练掌握用电路 CAD 软件进行原理图的设计及印制电路板(PCB)的设计，学会 PCB 手动布线和自动化布线的简单技巧。

(2)**PCB 的制作与 SMT 组装技术的训练**

国内用于高校教学训练的 PCB 制作工艺，目前大致有两种方法：一种是化学腐蚀法(图 1.3)，另一种是物理雕刻法(图 1.4)。化学腐蚀法制作是 PCB 制作的主流方式，它的工艺流程复杂，一般要经过 PCB 下料、钻孔、线路图形转移、化学蚀刻、清洗、丝印字符、外形铣削、检验等工艺过程。物理雕刻法是通过数控雕刻机来实现的，PCB 图形经 CAD 设计后生成雕刻机加工数据，雕刻机把 PCB 的线路、通孔等通过切削加工方式一次性加工出来。物理雕刻法制作周期短，但不适合大批量生产，一般仅适合科研教学单位的单件或者小批量的试制。

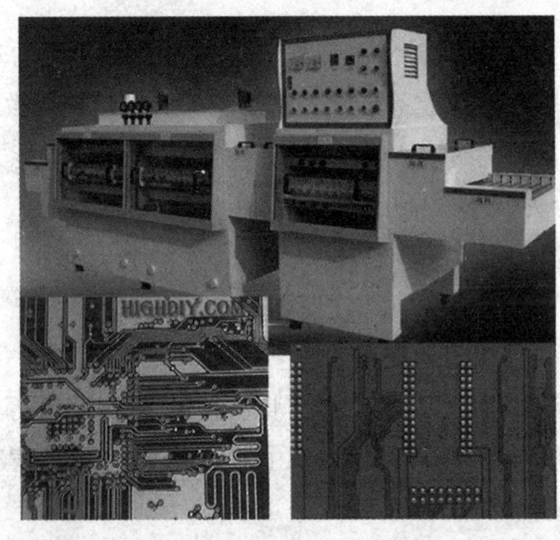

图 1.3　化学蚀刻法专用设备及 PCB 产品

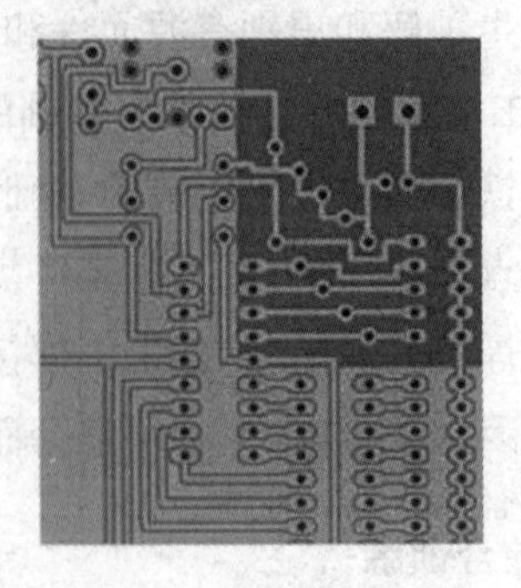

图 1.4　PCB 雕刻机及雕刻样品

(3)SMT **组装技术训练**

SMT即表面贴装技术,是现代电子组装的主流技术。无论是电视机、手机还是各种数码产品都朝着小型化、轻便化方向发展,这其中SMT技术起着关键性作用。让学生了解、认识SMT技术,并将SMT引入实习教学,比较SMT与THT技术之间的区别(表1.2和图1.5),对于启迪学生的创新思维是非常重要的。

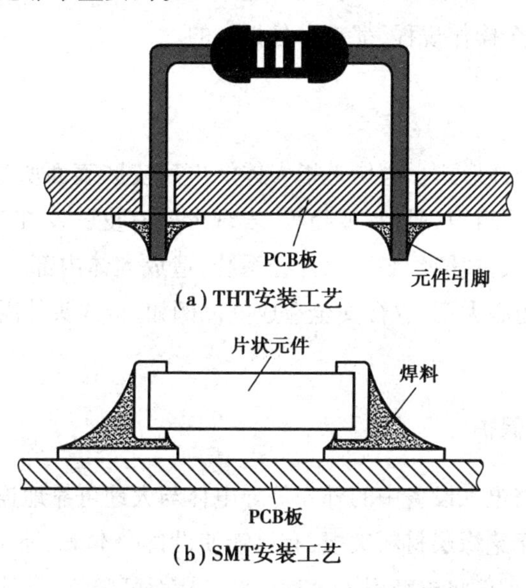

图1.5 通孔安装工艺与贴片安装工艺比较

表1.2 通孔安装工艺与贴片安装工艺对照表

技术名称	时 期	技术缩写	代表元器件	安装基板	安装方法	焊接技术
通孔安装	20世纪70年代以前	THT	单、双列直插IC,轴向引线元器件编带	单面及多层PCB	手工/半自动/全自动插装	波峰焊/手工焊/浸焊
表面安装	20世纪70年代以后	SMT	SMC、SMD片式封装VSI	高质量SMB	全自动贴片机	波峰焊/再流焊

1.3.3 创新实践训练

学生完成了基础训练和综合训练就具备了一定的电子产品的组装能力。为了满足部分同学"更上一层楼"的要求,可以选择一些小而有趣的电子产品,让他们从CAD设计开始了解和掌握主要电子零部件从CAD设计到CAM制造的全部工艺流程,然后开展PCB设计与制作、采购元器件,然后进行组装,最后完成产品的调试。通过电子产品生产体系的完整训练,使学生的创新实践能力得到进一步提高。

1.4 用电安全常识

当今社会从家庭到办公室,从学校到厂矿,电几乎无所不在。学习安全用电知识,加强安全用电观念,严格执行安全操作规程,都是十分必要的。

1.4.1 触电形式

触电分电伤和电击两种形式。电伤是指人体触电后皮肤表面所受到的伤害,主要指电的热效应烧伤人体皮肤、皮下组织、肌肉、神经等,表现形式有皮肤发红、起泡、烧焦等;电击是指电流通过人体内部,影响人体呼吸、心脏和神经系统,造成人体内部组织损伤甚至死亡等严重事故。触电往往是人们粗心大意、忽视安全造成的。例如,接线头外露金属线、带电接线操作、导线绝缘层破损等。

1.4.2 接地和接零保护

接地保护是用导线将电气设备中的外壳等导电体与大地可靠地连接起来的一种保护接线方式。当该电气设备由于绝缘层材料破损,有可能使设备中本来不带电的金属体带电,若有接地保护,非正常的带电体就能将电荷引入大地(PE),从而可避免人员接触后造成触电。

接零保护是用导线将电气设备中的外壳等导电体与电网的零线(N)可靠地连接起来的一种保护接线方式。当该电气设备由于绝缘层材料破损,电网中的某一相线(L)触碰到电气设备的外壳等带电体时,该相线就与电网的零线(N)形成短路,由于短路电流会很大,很快使相线中的熔断丝烧断,从而达到保护人身安全的目的,如图1.6所示。

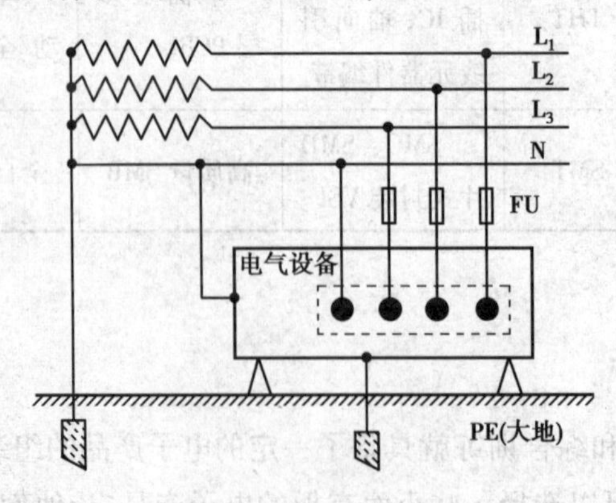

图1.6 接地与接零的保护示意图

1.4.3 漏电保护开关

漏电保护开关,是一种保护切断型的安全技术装置,它比接地保护或接零保护更灵敏、更可靠。漏电保护开关有两种:电压型和电流型。其工作原理基本相同,当检测到有漏电情况发生时,控制开关动作,从而切断电气设备的供电电源,这样就保障了线路及设备的正常运行和人身安全。电流型漏电保护开关在安装方面比电压型更简便,因而目前发展较快,使用更广泛。

1.4.4　用电的安全操作和注意事项

(1)实验室的用电安全操作规范

①用电前先检查电源插头是否松动,导线是否外露。

②不要湿手开关、插拔电器,触摸电器装置时,应先进行安全测试。

③尽量养成单手操作电工作业的习惯。

④电子实验室的各种工具、设备等须摆放整齐,强弱电规范走线,不能东拉西扯电源线。

(2)电工电子实习注意事项

①使用螺丝刀、工具刀等电工工具时,手不要握在刀口处,以免划伤。

②拆装弹性元器件时,身体应远离操作台,并注意保护眼睛、皮肤等免受飞出物的伤害。

③在焊接操作时,烙铁头及焊锡珠温度都很高,应避免烫伤发生。特别注意烙铁头上多余的焊锡不要乱甩,以免烫伤周围的人。

④通电测试时,一些发热元器件不要用手去触摸,否则容易造成烫伤。

⑤发现电气设备有打火、冒烟或其他不正常气味,尤其是发生有人触电时,应迅速切断实验室总电源,确保安全的情况下再查找问题。

第2章 电子元器件

本章摘要：电子元器件是组成电子产品的基础，电子产品的性能优劣，不但与电路的设计、结构和工艺水平有关，而且与正确地选用电子元器件有很大的关系。因此，学习和掌握常用电子元器件的性能特点、检测方法以及使用原则，对于设计、安装和调试电子产品有着十分重要的意义。

知识点：

①了解各元器件的分类，认识常用的电子元器件。

②掌握元器件的命名规则以及规格参数，能够通过元器件的命名及规格参数了解元器件的性能。

③学会检测元器件的好坏，掌握在不同应用场合下合理选择元器件的原则。

学习目标：

学会各种常见的分立元器件的识别检测，熟悉其性能，学会正确合理地选用电子元器件来进行电路设计。

2.1 概　述

当前电子元器件的发展十分迅速，正在朝着微小型化、集成化、柔性化和系统化方向发展。

(1)**小型化**

各种类型的电子产品体积越来越小，功能越来越强，这都是元器件的小型化、集成化所实现的，从电子管到晶体管再到集成电路，正是元器件小型化的方向，传统的电阻、电容等分立元器件，已逐渐演变成了甚至比一粒芝麻还小的贴片元器件，大大地节约了空间，缩小了体积。但是，元器件不可能做到无限小，其中片式的01005封装和集成电路引线间距达到0.3 mm后基本已达到极限，很难再小。为了电子产品的小型化，只能从新技术、新工艺着手，比如探索新型高效元器件、三维组装方式和微组装方式等。

(2)**集成化**

集成化可以大大缩小电子产品的体积,因而集成化也是元件小型化的主要手段。集成化不仅可以使元器件小型化,而且它的最大优势在于能够实现成熟电路的规模化制造,从而大大缩短了电子产品的生产周期,提高了产量。集成电路已经从小规模、中规模、大规模发展到超大规模。不仅如此,还有无源元件集成,无源和有源元件混合集成,光、电、机集成等多种形式元件集成。

(3)**柔性化**

所谓元件的柔性化,是将元器件从硬件产品变为软化的新概念,即将硬件电路本身变为一个载体或者说平台,加载不同的程序便可以实现不同的功能,这样硬件产品就变得有可塑性,这就是电子元器件的柔性化。现在的可编程器件(PLD)特别是复杂的可编程器件(CPLD)和现场可编程阵列(FPGA)以及可编程模拟电路(PAC)都是柔性化器件。

(4)**系统化**

元器件的系统化是由系统超级芯片(SOC)、系统级封装(SIP)和系统可编程芯片(SOPC)的发展而发展起来的,通过集成电路和可编程技术,在一个芯片或封装内实现一个电子系统功能。例如,数字电视 SOC 可以实现从信号接收、处理到转换音频电信号的全部功能,一片电路就可以实现一个产品的功能,元器件、电路与系统之间的界限已经模糊了。

虽然元器件的发展使电子产品的体积变小、设计变简单,但是对电子产品的工艺设计要求却越来越高,同时传统元器件也不会消失,在很多领域仍在使用,而且学习传统元器件更有助于了解各元器件的原理和作用。因此,本章主要讲述的是传统的半导体分立器件及基础的分立元器件。

2.2　电　阻

电阻器(Resistor)一般直接称为电阻。阻值不能改变的称为固定电阻,阻值可变的称为电位器或可变电阻。理想的电阻元件是线性的,即通过电阻元件的瞬时电流与外加瞬时电压成正比,符合欧姆定律:$I=U/R$。一些特殊电阻元件,如热敏电阻、压敏电阻和光敏电阻等,其电压与电流的关系是非线性的。电阻在电路中主要可作为分流器和分压器,也可作电路匹配负载。根据电路要求,还可用于放大电路的负反馈或正反馈、电压/电流转换、输入过载时的电压或电流保护元件,又可组成 RC 电路作为振荡、滤波、旁路、微分、积分和时间常数元件等。

电阻在电路中用“R”表示,单位是欧[姆](Ω),$1\ \text{M}\Omega=10^3\text{k}\Omega=10^6\Omega$,电阻的图形符号如图 2.1 所示。

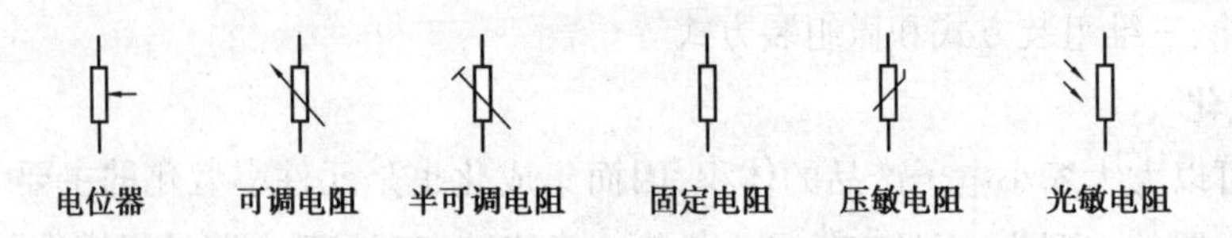

图2.1　常见电阻图形符号

2.2.1　电阻的分类

(1)按材料分

1)合金型

用块状的电阻合金拉制成合金线或碾压成合金箔制成电阻(如线绕电阻),精密合金箔制成电阻等。

2)薄膜型

在玻璃或陶瓷基体上沉积一层电阻薄膜,膜厚一般在几微米以下,薄膜材料有碳膜、金属膜、化学沉积膜及金属氧化膜等。

3)合成型

电阻体本身由导电颗粒和有机(或无机)黏结剂混合而成,可制成薄膜或实心两种,常见的有合成电阻膜和实心电阻。

(2)按用途分

1)通用型

一般技术要求的电阻,额定功率为0.05~2 W,阻值为1 Ω~22 MΩ,允许误差为±5%、±10%、±20%等。

2)精密型

有较高的精度和稳定性,功率一般不大于2 W,标称值为0.01 Ω~20 MΩ,精密允许误差为±0.01%~±2%。

3)高压型

电阻值都在10 MΩ以上的电阻。

4)高频型

电阻自身电感量极小,常称无感电阻,用于高频电路,阻值一般小于1 kΩ,功率范围宽,最

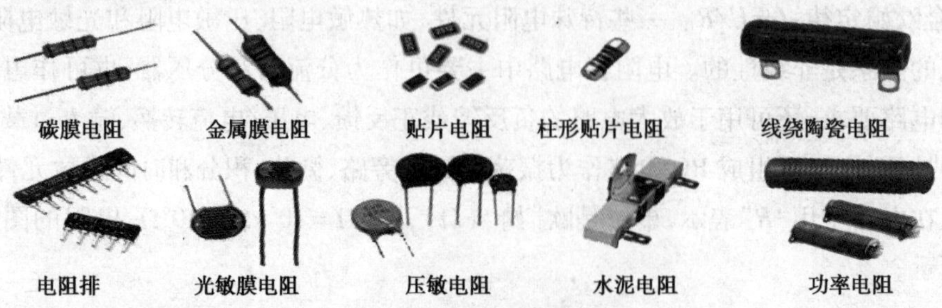

图2.2　几种常见的电阻

大可达100 W。

除上述电阻以外，还有一类特殊用途的电阻元件：如光敏、气敏、压敏和热敏电阻等，它们阻值随着外界光线的强弱、某种气体浓度的高低、压力的大小、电压的高低、温度的高低变化而变化。

2.2.2 电阻的主要参数

表征电阻特性的主要参数有标称阻值及其允许误差、额定功率等。

(1)标称阻值

用数字或色标在电阻上标识的设计阻值。单位为欧(Ω)、千欧(kΩ)、兆欧(MΩ)、太欧(TΩ)。阻值按标准化优先数系列制造，系列数对应于允许误差。

(2)允许误差

在实际生产中，加工出来的电阻很难做到与标称阻值一致，即阻值具有一定的分散性。为了便于生产的管理和使用，必须规定电阻的精度等级，确定电阻在不同等级下的允许误差。

(3)额定功率

额定功率是指电阻在直流或交流电路中正常工作情况下，长期稳定连续工作消耗的最大功率。对于同一类电阻，额定功率的大小取决于它的几何尺寸和表面面积，几何尺寸越大，功率越大。

2.2.3 电阻标注

电阻的阻值和允许误差的标注方法有直标法、色标法和文字符号法。

(1)直标法

将电阻的阻值和误差直接用数字和字母印在电阻元件上(无误差标示为允许误差±20%)。如:200 Ω ±5%表示200欧，允许误差为±5%;50 kΩ表示50千欧，允许误差为±20%。

(2)色环法

色环法是指用不同颜色的色带或色点在电阻元件表面标出标称阻值和允许误差。方法是在电阻表面标上四个或五个色环，从左至右前2个或3个色环代表电阻值的前两位或前三位有效数字，第3个或第4个色环代表倍乘(即"0"的个数)，最后一个色环代表电阻值的精度。四环和五环电阻如图2.3所示。

图2.3中上方的四环电阻阻值可读为：红　红　黑　金

2　2　0　±5%为 $22\times10^0=22\ \Omega\pm5\%$

图2.3中下方的五环电阻阻值可读为：黄　紫　黑　橙　棕

4　7　0　3　±1%为 $470\times10^3=470\ \text{k}\Omega\pm1\%$

用色环标识电阻比起直标法来说，可以做到无论怎样安装，维修者都能方便地读出其阻值，便于检测和更换。但在实践中发现，有些色环电阻的排列顺序不甚分明，往往容易读错，在识别时，可运用以下方法以判断：

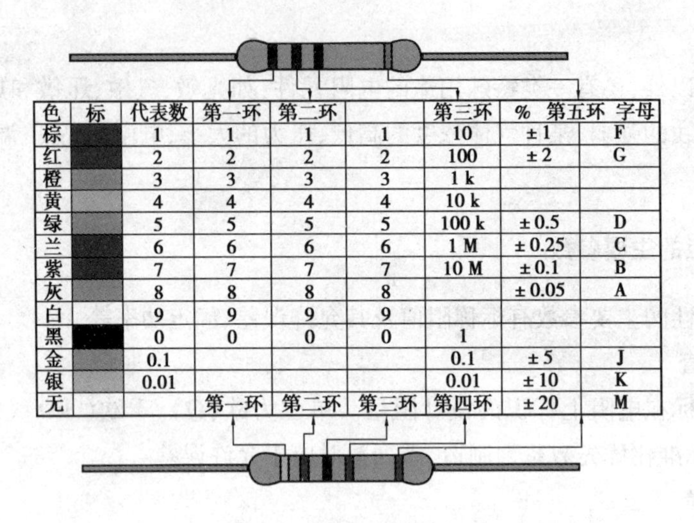

色标	代表数	第一环	第二环		第三环	% 第五环	字母
棕	1	1	1	1	10	±1	F
红	2	2	2	2	100	±2	G
橙	3	3	3	3	1 k		
黄	4	4	4	4	10 k		
绿	5	5	5	5	100 k	±0.5	D
兰	6	6	6	6	1 M	±0.25	C
紫	7	7	7	7	10 M	±0.1	B
灰	8	8	8	8		±0.05	A
白	9	9	9	9			
黑	0	0	0	0	1		
金	0.1				0.1	±5	J
银	0.01				0.01	±10	K
无		第一环	第二环	第三环	第四环	±20	M

图 2.3　色环电阻表

步骤一:先找标志误差的色环,从而排定色环顺序。最常用的表示电阻误差的颜色是:金、银、棕,尤其是金环和银环,一般绝少用做电阻色环的第一环,在电阻上只要有金环和银环,就可以基本认定这是色环电阻的最末一环。

步骤二:棕色环是否是误差标志的判别。棕色环既常用做误差环,又常作为有效数字环,且常常在第一环和最末一环中同时出现,使人很难识别谁是第一环。在实践中,可以按照色环之间的间隔加以判别:比如,对于一个五色环的电阻而言,第五环和第四环之间的间隔比第一环和第二环之间的间隔要宽一些,即误差环离其他环的间距较远,据此可判定色环的排列顺序。

(3)**文字符号法**

文字符号法是将电阻的标称值、允许误差值用数字和文字符号法按一定的规律组合标在电阻体上。电阻的标称值的单位符号见表 2.1,电阻允许误差见表 2.2。

表 2.1　电阻符号含义

文字符号	单位及进位关系	名　称
R	$\Omega(10^0)$	欧[姆]
k	$k\Omega(10^3)$	千欧
M	$M\Omega(10^6)$	兆欧
G	$G\Omega(10^9)$	吉欧
T	$T\Omega(10^{12})$	太欧

表 2.2　电阻误差符号含义

文字符号	D	F	G	J	K	M
允许误差	±0.5%	±1%	±2%	±5%	±10%	±20%

注:未标注按 ±20%,大多数电阻的允许误差值为 J、K、M 三类。

由表2.1和表2.2可知:6R2J表示该电阻标称值为6.2 Ω,允许误差为±5%;3K6K表示电阻值为3.6 kΩ,允许误差为±10%;1M5则表示电阻值为1.5 MΩ,允许误差为±20%。

2.2.4　电阻的选用

(1)正确选用电阻的阻值和误差

①阻值选用　原则是所用电阻的标称阻值与所需电阻阻值差值越小越好。

②误差选用　时间常数RC电路所需电阻的误差尽量小,一般可选5%以内,对退耦电路、反馈电路、滤波电路、负载电路误差要求不太高,可选10%~20%的电阻。

(2)注意电阻的极限参数

①额定电压　当实际电压超过额定电压时,即便满足功率要求,电阻也会被击穿损坏。

②额定功率　所选电阻的额定功率应大于实际承受功率的两倍以上,才能保证电阻在电路中长期工作的可靠性。

(3)要首选通用型电阻

通用型电阻种类较多、规格齐全、生产批量大,且阻值范围、外观形状、体积大小都有挑选的余地,便于采购、维修。

(4)根据电路特点选用

①高频电路　分布参数越小越好,应选用金属膜电阻、金属氧化膜电阻等高频电阻。

②低频电路　线绕电阻、碳膜电阻都适用。

③功率放大电路、偏置电路、取样电路　电路对稳定性要求比较高,应选温度系数小的电阻。

④退耦电路、滤波电路　对阻值变化没有严格要求,任何类电阻都适用。

(5)注意工作频率

电阻在低频时表现出来的主要特性是电阻特性,但在高频时,不仅表现出电阻特性,还表现出电抗特性的一面,这在无线电方面(射频电路中)尤其重要。

2.2.5　电阻的检测

①检查电阻的外观是否破损。

②检查电阻的引脚与电阻体之间是否有松动。

③电阻测量一般用万用表进行测量,先将万用表选择合适挡位,然后将万用表调零。把红、黑表笔短接,调整调零按钮,使指针向右偏转到0 Ω处,调零后再测阻值。被测电阻的阻值为表针读数与倍率的乘积。

2.3 电位器

电位器(Potentiometer)是可变电阻的一种,通常是由电阻体与转动或滑动系统组成,即靠一个动触点在电阻体上移动,获得部分电压输出。电位器在电路中起调节电压(含直流电压与信号电压)和电流的大小作用。电位器广泛用于电子设备,在音响和接收机中作音量控制用。电位器的电路图形符号如图 2.4 所示。

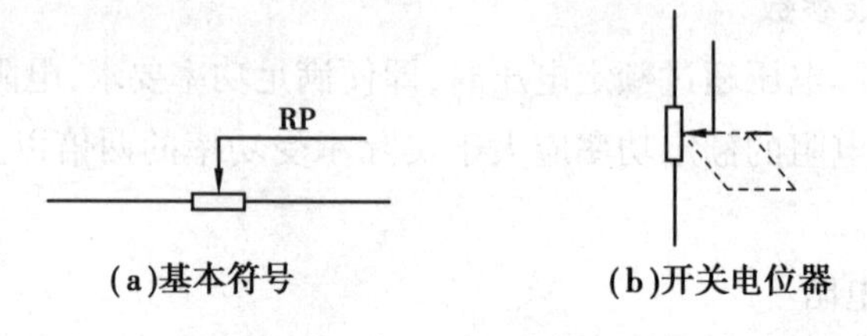

图 2.4 电位器符号

2.3.1 常用电位器分类

电位器的种类很多,分类方法也有所不同。

①按照电阻体材料,可分为线绕电位器和非线绕电位器。

②按照结构特点,可分为单联电位器、双联电位器、单圈电位器、多圈电位器、锁紧电位器、非锁紧电位器、带开关电位器等。

③按照操作调节方式,可分为直滑式电位器、旋转式电位器。

④按照阻值变化规律,可分为直线式电位器、指数式电位器、对数式电位器。

随着科技的不断发展,近几年又推出了电子电位器、光敏电位器、磁敏电位器等非接触式电位器。几种常见电位器如图 2.5 所示。

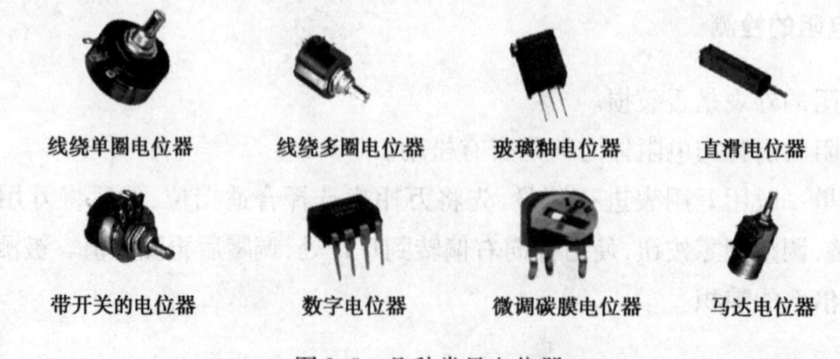

图 2.5 几种常见电位器

2.3.2　电位器参数

电位器的主要参数有标称阻值、额定功率、分辨率、滑动噪声、阻值变化特性、耐磨性、零位电阻及温度系数等。

(1)额定功率

电位器的两个固定端上允许耗散的最大功率为电位器的额定功率。使用中应注意额定功率不等于中心抽头与固定端的功率。电位器的额定功率是指在直流或交流电路中，当大气压为87～107 kPa，在规定的额定温度下长期连续负荷所允许消耗的最大功率。线绕电位器功率系列为：0.25，0.5，1，2，3，5，10，16，25，40，63，100 W，线绕电位器功率系列为：0.025，0.05，0.1，0.25，0.5，1，2，3 W。

(2)标称阻值

标在产品上的名义阻值，其系列与电阻的系列类似。

(3)允许误差等级

实测阻值与标称阻值误差范围根据不同精度等级可允许20%、10%、5%、2%、1%的误差。精密电位器的精度可达0.1%。

(4)阻值变化规律

阻值变化规律是指阻值随滑动片触点旋转角度(或滑动行程)之间的变化关系，这种变化关系可以是任何函数形式，常用的有直线式、对数式和反转对数式(指数式)。在使用中，直线式电位器适合于作分压器；反转对数式(指数式)电位器适合于作收音机、录音机、电唱机、电视机中的音量控制器。维修时，若找不到同类品，可用直线式代替，但不宜用对数式代替。对数式电位器只适合于作音调控制等。

(5)滑动噪声

当电阻在电阻体上滑动时，电位器中心端与固定端的电压出现无规则的起伏现象，称为电位器的滑动噪声。

2.3.3　电位器型号

电位器型号的命名主要包括四个部分：第一部分是电位器的主称，通常用“W”来表示；第二部分是材料，用字母来表示；第三部分是分类，也是用字母来表示；第四部分是序号，通常用数字来表示。除了这四部分的代号外，有时在电位器型号中还加有其他代号。例如，规定失效率等级代号用一个字母“K”表示，它一般加在类别代号与序号之间。电位器型号命名含义见表2.3。

表 2.3　电位器型号命名含义

第一部分(主称)	第二部分(材料)	第三部分(分类)	第四部分(序号)
W	H(合成碳膜)	G(高压类)	序号
	S(有机实心)	H(组合类)	
	N(无机实心)	B(片式类)	
	I(玻璃釉膜)	W(螺杆预调类)	
	X(线绕)	Y(旋转预调类)	
	J(金属膜)	J(单旋精密类)	
	Y(氧化膜)	D(多旋精密类)	
	D(导电塑料)	M(直滑精密类)	
	F(复合膜)	X(旋转低功率)	
		Z(直滑低功率)	
		P(旋转功率类)	
		T(特殊类)	

由表 2.3 可知,如某电位器型号为 WXD2 表示多圈线绕电位器,WIW1O1 表示玻璃釉螺杆驱动预调电位器。

2.3.4　电位器选用原则

电位器的种类很多,在选用时考虑的因素也比较多,一般根据具体电路选择合适的阻值及功率。以下针对不同用途而推荐的电位器选用类型:

①普通电子仪器:合成碳膜或有机实心电位器。

②大功率低频电路、高温:线绕或金属玻璃釉电位器。

③高精度电路:线绕、导电塑料或精密合成碳膜电位器。

④高分辨率电路:各类非线绕电位器与多圈式微调电位器。

⑤高频、高稳定性电路:薄膜电位器。

⑥调节后无须再动:轴端紧锁式电位器。

⑦几个电路同步调节:多连电位器。

⑧精密、微调调节:带慢轴调节机构的微调电位器。

⑨要求电压均匀变化:直线式电位器。

⑩音量控制电位器:指数式电位器。

2.3.5　电位器的检测

(1) **测阻值**

用万用表欧姆挡测量电位器两个固定端的电阻，并与标称值核对。如果万用表指针不动或比标准值大得多，表明电位器已坏。

(2) **测变化**

将万用表两表笔分别接在中心抽头与两个固定端中的任何一端，慢慢转动电位器，使其从一个极端位置转到另一个极端位置，万用表应该从0 Ω连续变换到标称阻值。整个过程变化平稳，不应跳动。

(3) **测开关**

对于开关电位器应检查其开关，首先开关应该灵活，关断时阻值为无穷大，接通时阻值为0 Ω。

2.4　电容器

电容器（Capacitor）是由两块金属电极之间夹一层绝缘电介质构成。当在两金属电极间加上电压时，电极上就会存储电荷，因此电容器是储能元件。电容器是各类电子仪器设备产品中最常见的元器件之一，在电路中具有隔断直流、通过交流的特点，广泛应用于电路中的隔直通交、耦合、旁路、滤波、调谐回路和能量转换等。电容储存电荷的能力用电容量来表示，符号是“C”，单位是法[拉]（F）。当电容器极板上的电荷为1 C、极板间的电势差为1 V时，电容器极板间上的电荷为1 F。法[拉]所表示的单位值过大，实用中常用较小单位，如微法（μF）和皮法（pF），它们与法[拉]的换算关系是：$1\ \text{pF}=10^{-6}\ \mu\text{F}=10^{-12}\ \text{F}$。电容器的图形符号如图2.6所示。

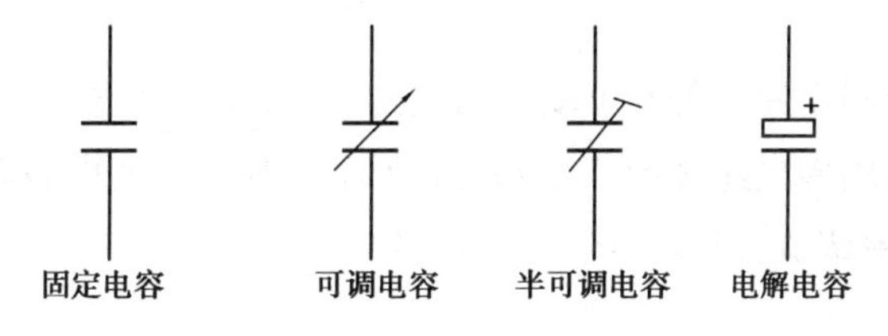

图2.6　电容器的图形符号

2.4.1　电容器的种类

①按介质材料可分为气体介质电容器、液体介质电容器、无机固体介质电容器、陶瓷电容器和电解质电容器（根据电解质分为液式和干式）。

②按极性可分为极性电容器和非极性电容器。

③按是否可调可分为固定电容器、可变电容器和半可调电容器。

④按阳极的材料可分为铝电解电容器、钽电解电容器和铌电解电容器。

几种常见的电容器如图 2.7 所示。

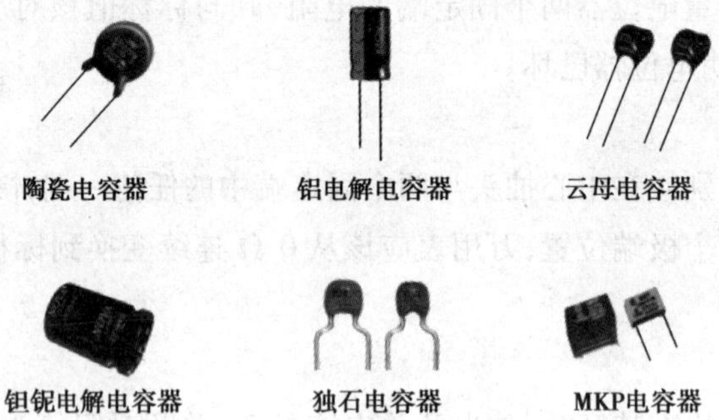

陶瓷电容器　铝电解电容器　云母电容器

钽铌电解电容器　独石电容器　MKP电容器

图 2.7　几种常见的电容器

2.4.2　常见电容器

(1)瓷介电容

瓷介电容是用高介电常数的电容器陶瓷〈钛酸钡一氧化钛〉挤压成圆管、圆片或圆盘作为介质,并用烧渗法将银镀在陶瓷上作为电极制成。常用于高稳定振荡回路中,作为回路电容器及垫整电容器。低频瓷介电容器限于在工作频率较低的回路中作旁路或隔直流用,或对稳定性和损耗要求不高的场合。具有容量小、耐压高、漏电小、无极性的特点。

(2)电解电容

电解电容是电容的一种,金属箔为正极(铝或钽),与正极紧贴金属的氧化膜(氧化铝或五氧化二钽)是电介质,阴极由导电材料、电解质(电解质可以是液体或固体)和其他材料共同组成,因电解质是阴极的主要部分,电解电容因此而得名,同时电解电容正负不可接错。

(3)可调电容

可调电容是由若干固定片和若干可动片组成的,一般是用在振荡回路中,作为正常工作中的频率调节。其结构适用多次连续调节,寿命长、调节容易。可变电容多为 2 ~4 联,常用于天线回路、本振回路的频率调节,如收音机的四联电容。

2.4.3　电容器的主要参数

电容器的主要参数有额定电压、标称电容量、允许误差和漏电电流。

(1)额定电压

电容器在允许温度范围内,能够长期施加在电容器上的最大电压有效值称为额定电压(或称耐压)。通常额定电压指的是直流工作电压,如果工作在脉动电压下,交直流分量的总和必须小于额定电压。

(2) **标称电容量**

标注在电容器上的电容量称为标称电容量。

(3) **允许误差**

电容器的实际电容量与标称电容量的允许最大误差范围,称为允许误差。

(4) **漏电电流**

电容器中的介质并非绝对理想的绝缘体,总会存在漏电现象。一般电容器的漏电电流都很小,电解电容漏电流较大,铝电解电容漏电电流甚至可达 mA 级。实际电容相当于一个理想电容并联上一个电阻,当漏电流过大时时,电容器发热严重会损坏电容,甚至爆炸。

2.4.4　电容器的命名

电容器的型号一般由四部分组成,例如:CS23。

依次分别代表名称、材料、分类和序号,具体含义见表 2.4。

第一部分:名称,用字母表示,电容器用“C”。

第二部分:表示介质材料,用字母表示。

第三部分:表示结构分类,一般用数字表示,个别用字母表示。

第四部分:表示产品序号,用数字表示。

表 2.4　第二部分字母表示的材料

字　母	材　料	字　母	材　料	字　母	材　料
A	钽电解	H	复合介质	Q	漆膜
B	聚苯乙烯等非极性薄膜	I	玻璃釉	S	低频陶瓷
C	高频陶瓷	J	金属化纸介	V	云母纸
D	铝电解	L	涤纶等极性有机薄膜	Y	云母
E	其他材料电解	N	铌电解	Z	纸介
G	合金电解	O	玻璃膜		

2.4.5　电容器的标注

(1) **直标法**

直标法就是在电容器的表面直接标出其主要参数和技术指标的一种方法。直标法可以用阿拉伯数字和文字符号标出。电容器的直标内容及次序一般是:①商标;②型号;③工作温度组别;④工作电压;⑤标称电容量及允许误差;⑤电容温度系数。上述直标内容不一定全部标出。例如:C841　250 V　2 000 pF　±5%,示例的内容是:C841 型精密聚苯乙烯薄膜电容器,其工作电压为 250 V,标称电容量为 2 000 pF,允许误差为 ±5%。

(2)色环法

电容用色环标注方法与电阻色环法相同。

(3)数学计数法

数学计数法一般是三位数字,第一位和第二位数字为有效数字,第三位数字为倍数。标注“221”,电容量就是:22×10^1,表示220 pF。如果只有一位或两位数字,标注是多少就读作多少皮法,例如:标注“1”,即为1 pF;标注“30”,即为30 pF。

2.4.6 电容器的选用

(1)标称电容量及其允许误差

根据电路对电容器电容量要求的精确程度来选择不同的误差等级。

(2)额定电压

不同介质电容器的直流额定电压是不同的,考虑到降额以及在使用中可能遇到瞬变电压的因素,必须选用额定电压足够高的电容器。

为安全起见,额定电压值至少应大于实际工作电压的20%,所施加的交流电压不应超过适用于该频率的和最大周围温度的交流电压额定值。

在选用高压电容器(1 000 V以上)时必须特别小心,并且应考虑到电晕的影响。电晕除了可能损坏设备性能外,还会导致电容器介质损坏,最终导致击穿。电晕是由于在介质、电极层中存在空隙而发生的,因此要考虑由于局部过热所引起的介质损坏。

(3)绝缘电阻

绝缘电阻电容器用于大时间常数的定时、分压器网络和存储充电电荷等,应选用绝缘电阻很高的电容器。金属化纸介电容器的绝缘电阻小,容易发生介质击穿。绝缘电阻随温度的升高而降低。

(4)频率特性

所有的电容器都有工作频率范围的限制,在选择电容器时,应注意电容器的谐振频率。当工作频率超过谐振频率时,电容器会被击穿。很多种类的电容器都有很大的电感。

在实际应用中,它们常被小容量的电容器分流。如果能保证最大的分流效应,最好是将大容量的电容器与小容量的电容器并联使用。

(5)温度影响

电容器的使用寿命、绝缘电阻和介质强度(击穿电压应力水平)随温度升高而降低,电容量根据不同的介质和结构随温度变化而变化。

过高的温度会使气密密封破坏而导致浸渍剂泄漏,导致绝缘电阻和抗电强度降低。电晕的电压下降,容量飘移,寿命缩短,失效率增加。一般而言,以极性介质制造的电容器具有较高的功率因数,因而易使内部发热,加速电容器的损坏。

(6)湿度

电容器吸潮气引起参数变化,致使过早失效,受影响最严重的参数是绝缘电阻降低。

对于薄膜介质电容器，薄膜通常不吸收潮气，但潮气会循环地进入电容器，或者停留在薄膜表面附近的空隙中。当潮气进入电容器时，就会引起电容器绝缘电阻下降和电容量变化。

纸介质电容器比薄膜介质电容器更容易受潮，在湿度较大的场合应使用密封型电容器。

(7)**震动和冲击**

如果所选用的电容器不能承受运输途中和现场使用中的震动和冲击，就可能遭到机械操作的破坏，引起故障。封装外壳内部组件的移动，可以引起电容量的变化、介质或绝缘失效。此外，还可能因引线的疲劳失效导致断裂。

2.4.7　电容器的检测

(1)**检测 10 pF 以下的固定电容器**

因 10 pF 以下的固定电容器容值过小，用万用表检测，只能检查其是否有漏电，以及内部短路或击穿现象。测量时，选择万用表 $R\times10\ \mathrm{k\Omega}$ 挡，用两表笔分别任意接电容的两个引脚，阻值应为无穷大。若测出阻值为零，则说明电容漏电损坏或内部击穿。

(2)**检测 0.01 μF 以上的固定电容**

先用两表笔任意触碰电容的引脚，然后调换表笔再碰一次，如果电容是好的，则万用表指针会向右摆动，然后迅速向左返回无穷大的位置；如果测量中万用表指针始终不动，说明电容容量已经低于 0.01 μF；如果指针向右摆动后无法回到左边无穷大位置，说明电容漏电或被击穿短路。

(3)**电解电容的检测**

对于电解电容，由于其电容量较大，用万用表检测其充电现象明显。选择合适的欧姆挡位，黑表笔接长的引脚，红表笔接短的引脚，可看到指针急速向右偏转，然后缓慢向左回转的现象，说明电解电容完好。此外，也可用电感电容测试仪来检测。

2.5　电感器

电感器(Inductor)是指能够将电能转化为磁能而存储起来的元件。电感器的应用范围很广泛，在电路中主要起滤波、振荡、延迟、陷波、筛选信号、过滤噪声、稳定电流及抑制电磁波干扰等作用。电感器在电路最常见的作用就是与电容一起组成 LC 滤波电路。电容具有“阻直流、通交流”的特性，而电感则有“通直流、阻交流”的功能。如果把伴有许多干扰信号的直流电通过 LC 滤波电路，交流干扰信号将被电感变成热能消耗掉，变得比较纯净的直流电流通过电感时，其中的交流干扰信号也被变成磁感和热能，频率较高的更容易被电感阻抗，这就可以抑制较高频率的干扰信号。电感器在电路中用字母“L”表示，电感的单位是亨[利](H)，其图形符号如图 2.8 所示。

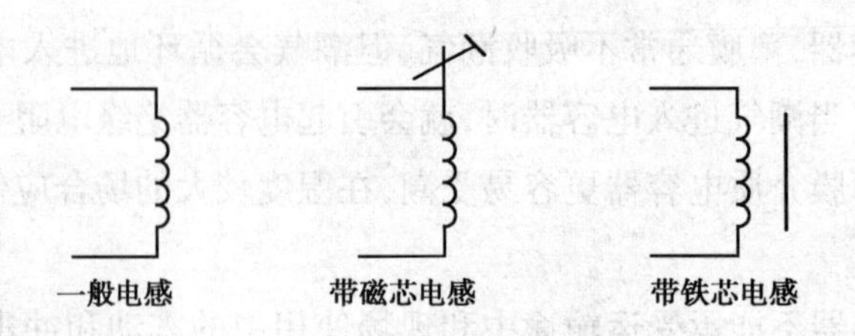

图 2.8　电感器图形符号

2.5.1　电感器的分类

电感器有多种分类方法:

①按功能分类:振荡线圈、扼流线圈、耦合线圈、校正线圈、偏转线圈。

②按电感值是否可调分类:固定电感、可变电感、微调电感。

③按导磁体性质分类:空心线圈、铁氧体线圈、铁芯线圈、铜芯线圈。

④按绕线结构分类:单层线圈、多层线圈、蜂房式线圈。

2.5.2　几种常见的电感器

(1)小型固定电感器

小型固定电感器通常是用漆包线在磁芯上直接绕制而成,主要用在滤波、振荡、陷波、延迟等电路中。它有两种封装形式:密封式和非密封式。这两种形式又都有立式和卧式两种外形结构。

(2)可调电感器

常用的可调电感器有半导体收音机用振荡线圈、电视机用行振荡线圈、中频陷波线圈、音响用频率补偿线圈、阻波线圈等。

(3)阻流电感器

阻流电感器是指在电路中用以阻塞交流电流通路的电感线圈,它分为高频阻流线圈和低频阻流线圈。

1)高频阻流线圈

高频阻流线圈也称高频扼流线圈,它用来阻止高频交流电流通过。

2)低频阻流线圈

低频阻流线圈也称低频扼流圈,它应用于电流电路、音频电路或场输出等电路,其作用是阻止低频交流电流通过。

几种常见的电感器如图 2.9 所示。

2.5.3　电感器的主要参数

(1)电感量及误差

在没有非线性导磁物质存在条件下,一个载流线圈的磁通与线圈中电流成正比。其比例

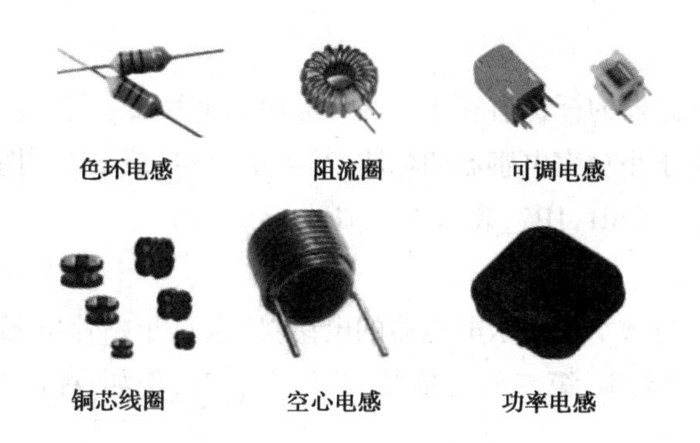

图 2.9　几种常见的电感器

常数称自感系数,简称电感,用"L"表示,$L=\Phi/I$。

(2)**品质因数** Q

电感器的品质因数定义为:$Q=2\pi fL/R$。其中,f 为电路工作频率;L 为电感量;R 为线圈的总损耗电阻(包括直流电阻、高频电阻及介质损耗电阻)。品质因数 Q 值反映线圈损耗的大小。Q 值越高,损耗功率越小,电路效率越高,选择性越好。

(3)**额定电流**

通常是指允许长时间通过电感元件的直流电流值。在选用电感器时,若电路流过电流大于额定电流值,就需改用额定电流符合要求的其他型号电感器。

2.5.4　电感器的标注

(1)**直标法**

直标法是将电感器的标称容量用数字和文字符号直接标在电感器上,电感量单位后面用一个英文字母表示其允许误差,各字母代表的允许误差见表 2.5,例如,400 μHJ,表示标称电感量为 400 μH,允许误差为 ±5%。

表 2.5　电感误差字母含义

字　母	允许误差	字　母	允许误差	字　母	允许误差
Y	±0.001%	W	±0.05%	G	±2%
X	±0.002%	B	±0.1%	J	±5%
E	±0.005%	C	±0.25%	K	±10%
L	±0.01%	D	±0.5%	M	±20%
P	±0.02%	F	±1%	N	±30%

(2)**色标法**

色标法是指在电感器表面用不同色环来代表电感量,与电阻类似,一般为四环。前两环代表有效数字,第三环为倍率,第四环为误差环。例如:电感器的色环颜色分别为黄紫金金,其电感量为 4.7 μH,误差为 10%。

(3)**文字符号法**

文字符号法是将电感器的标称值和允许误差值用数字和文字符号按一定规律组合表示在电感体上。此法一般用于小功率电感器的标注,其单位为 nH 或 μH,用字母"N"或"R"表示小数点。例如:5N8,表示 5.8 nH;4R7,表示 4.7 μH。

(4)**数码表示法**

数码表示法是用三位数字来表示电感器的电感量,常见于贴片电感器上。三位数字中从左往右第一、二位为有效数字,第三位为倍数,单位为 μH。例如,标注"330",电感量为 33×10^0,表示 33 μH。

2.5.5 电感器的检测

(1)**直观检查**

直接观察电感器的引脚是否断开,磁芯是否松动、绝缘材料是否破损或烧焦等。

(2)**万用表检测**

在电感器好坏判断中,常使用万用表电阻挡测量电感器的通断及电阻值大小来判断。将万用表置于 $R\times1\ \Omega$ 或 $R\times10\ \Omega$ 挡,红、黑表笔各任接电感器的任一引出端,此时指针应向右摆动,根据测出的电阻值大小,可具体分下述三种情况进行判断。

1)被测电感器电阻值太小

这种情况说明电感器内部线圈有短路性故障,注意测试操作时一定要先将万用表调零,并仔细观察指针向右摆动的位置是否确实到达零位,以免造成误判。当怀疑电感器内部有短路性故障时,最好是用 $R\times1\ \Omega$ 挡反复多测几次,这样才能作出正确的判断。

2)被测电感器有电阻值

电感器直流电阻值的大小与绕制电感器线圈所用的漆包线线径、绕制圈数有直接关系,线径越细,圈数越多,则电阻值越大。一般情况下用万用表 $R\times1\ \Omega$ 挡测量,只要能测出电阻值,则可认为被测电感器是正常的。

3)被测电感器的电阻值为无穷大

这种现象比较容易区分,说明电感器内部的线圈或引出端与线圈接点处发生了断路性故障。

注意:在测量电感量很小的线圈时,只要电阻挡测量线圈两端导通便是好的。

2.5.6 电感线圈使用注意事项

在使用线圈时,不要随意改变线圈形状和线圈间的距离,否则会影响线圈原来的电感量,尤其是对高频线圈更应注意,收音机中电感线圈调试时要微调,否则会损坏线圈,调试好之后应当用高频蜡密封。

2.6 变压器

变压器也是一种电感器,它是利用两个电感线圈靠近时的互感现象工作的。将两个线圈靠近放在一起,当一个线圈中的电流变化时,穿过另一个线圈的磁通会发生相应的变化,从而使该线圈出现感应电动势,这就是互感现象,在电路中可以起到电压变换和阻抗变换的作用,也是电子产品中常见的元件。其主要构件是初级线圈、次级线圈和铁芯(或称磁芯)如图2.10所示。变压器在电路中通常用字母“T”表示。

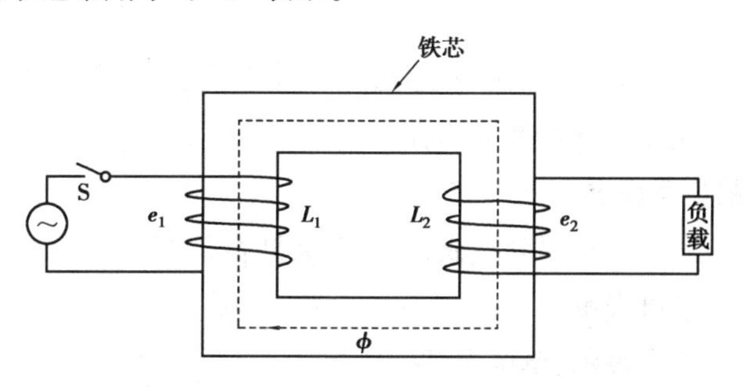

图2.10 变压器结构

2.6.1 变压器的种类

①按用途分类:电源变压器、隔离变压器、调压变压器、输入/输出变压器、脉冲变压器。

②按导磁材料分类:硅钢变压器、低频磁芯变压器、高频磁芯变压器。

③按铁芯分类:E型变压器、C型变压器、R型变压器、O型变压器。

④按工作频率分类:高频变压器、中频变压器、低频变压器(收音机中磁性天线是高频变压器,中周是中频变压器,用于中频放大)。

2.6.2 变压器的型号规格

(1)中频变压器的命名

中频变压器如晶体管收音机(调幅)中的中频变压器命名由三部分组成:

第一部分:主称,用几个字母组合表示名称、特征、用途。

第二部分:外形尺寸,用数字表示。

第三部分:序号,用数字表示。“1”,表示第一级中频变压器;“2”,表示第二级中频变压器;“3”,表示第三级中频变压器。

型号中的主称所用字母、外形尺寸所用数字的含义,见表2.6。

表 2.6 变压器型号含义

主 称		尺 寸	
字 母	含 义	数 字	尺寸/mm
T	中频变压器	1	7×7×12
L	线圈或振荡线圈	2	10×10×14
T	磁性磁芯式	3	12×12×16
F	调幅收音机	4	20×25×36
S	短波段		

例如:TTF-1-1,表示调幅收音机用的磁性磁芯式中频变压器,第一个“1”表示外形尺寸为7×7×12,第二个“1”表示第一级中频变压器。

(2)**低频变压器的型号命名**

低频变压器的型号命名由三部分组成,具体含义见表 2.7。

第一部分:主称,用字母表示。

第二部分:功率,用数字表示,单位为:W。

第三部分:序号,用数字表示,用来区别不同的产品。

表 2.7 低频变压器型号主称所用字母的含义

主称字母	含 义
CB	音频输出变压器
DB	电源变压器
GB	高压变压器
RB 或 TB	音频输入变压器
HB	灯丝变压器
SB 或 EB	音频(变压或自耦式)输送变压器
SB 或 ZB	音频(定阻式)输送变压器
KB	开关变压器

例如:DB-20-3,“DB”,表示主称电源变压器;“20”,表示功率 20 W;“3”,表示序号,即表示 20 W 的电源变压器。

2.6.3 变压器的主要参数

(1)**变压比**

变压比是变压器初级电压与次级电压的比值。一般变压比直接标注出电压变换值,如

220 V/10 V 是降压变压器,5 V/12 V 是升压变压器。

(2)额定功率

在规定的频率和电压下,变压器能长期工作而不超过规定温升的输出功率。额定功率的单位是伏[特]安[培]。

(3)效率

效率是指次级功率与初级功率比值的百分比。通常变压器的额定功率越大,效率就越高。

(4)空载电流

变压器次级开路时,初级仍有一定的电流,这部分电流称为空载电流。空载电流由磁化电流(产生磁通)和铁损电流(由铁芯损耗引起)组成。对于50 Hz 电源变压器而言,空载电流基本上等于磁化电流。

(5)绝缘电阻

绝缘电阻表示变压器各线圈之间、各线圈与铁芯之间的绝缘性能。绝缘电阻的大小与所使用的绝缘材料的性能、温度高低和潮湿程度有关。

2.6.4　变压器的检测

(1)看外观

观察变压器的外貌是否有明显的异常。例如:线圈的引线是否断裂、脱焊,绝缘体材料是否损坏,铁芯紧固螺丝是否松动,绕组线圈是否外露。

(2)测绝缘

用万用表 $R\times10$ kΩ 挡分别测量铁芯与初级、初级与各次级、静电屏层与初次级、次级各绕组间的电阻值应无穷大,否则绝缘性能不好。

(3)测线圈

用万用表置于 $R\times1$ Ω 挡检测线圈绕组两个接线端子之间的阻值,若某个绕组电阻值无穷大,则说明该绕组断路。若有短路故障,变压器会迅速发热,铁芯有烫手的感觉。

(4)判断初级与次级

变压器由铁芯(或磁芯)和线圈组成。线圈有两个或两个以上的绕组,其中接电源的绕组称为初级线圈,其余的绕组称为次级线圈。在使用中判断初级和次级判断方法如下:

1)看直流电阻

对于降压变压器,电阻小的是次级,电阻大的是初级;对于升压变压器,则相反。

2)看线径

对于降压变压器,线径粗的是次级,线径细的是初级;对于升压变压器,则相反。

3)看匝数

对于降压变压器,匝数少的是次级,匝数多的是初级;对于升压变压器,则相反。

4)看电压

对于降压变压器,电压低的是次级,电压高的是初级;对于升压变压器,则相反。

2.7 半导体分立器件

电子产品根据其导电性能分为导体和绝缘体。半导体介于导体和绝缘体之间,半导体元器件以封装形式又分为分立和集成。例如:二极管、三极管、晶体管等。半导体分立器件自从20世纪50年代问世以来,作为一代产品曾为电子产品的发展起到了重要的作用,尽管近年来由于集成电路的广泛使用而使它退出了许多应用领域,但是半导体分立器件仍是电子元器件家族不可缺少的成员,不仅不会被淘汰,还会有所发展。

2.7.1 半导体分立器件的分类

半导体分立器件分类的方法有很多种,按材料,可分为锗管和硅管;按结构和制造工艺,可分为点接触型、面结型、平面型等;按封装,可分为金属封装、陶瓷封装、玻璃封装及塑料封装等。通常都将其分为以下四大类:

(1)半导体二极管

①普通二极管:整流二极管、检波二极管、恒流二极管、稳压二极管、开关二极管等。

②敏感二极管:光敏二极管、温敏二极管、压敏二极管、磁敏二极管等。

(2)晶体三极管

三极管有多种类型:按材料,分可分为锗三极管、硅三极管等;按极性,可分为NPN三极管和PNP三极管;按用途,可分为大功率三极管、小功率三极管、高频三极管、低频三极管、光电三极管等;按照封装材料,可分为金属封装三极管、塑料封装三极管、玻璃壳封装晶体管、表面封装晶体管和陶瓷封装晶体管。

(3)晶闸管

晶闸管可分为单向晶闸管、双向晶闸管、可关断晶闸管、特殊晶闸管。

(4)场效应晶体管

场效应晶体管分为两大类:结型和绝缘栅型。按导电方式,绝缘栅型场效应晶体管可分为耗尽型与增强型。结型场效应管均为耗尽型。

2.7.2 半导体分立器件的命名

半导体分立器件命名各国不尽相同,中国、美国、日本以及国际电子联合会都有各自的命名方法。我国命名方法是器件型号由五部分组成,具体含义见表2.8。

2.7.3 晶体二极管

(1)概述

从结构而言,晶体二极管是一个PN结加上相应的电极引线和密封壳做成的半导体器件。

它的主要特性就是单向导电。

晶体管按所用半导体材料不同，可分为锗二极管、硅二极管。锗二极管正向导通电阻很小，正向导通电压只需0.2 V；硅二极管反向漏电流比锗二极管小得多，它的正向导通电压为0.5～0.7 V。如果将二极管接到交流电源上，就能把交流电转变为直流电，这个过程称为整流；如果加的交流电压是高频电压，这个过程称为检波。二极管在收音机的主要作用是检波和整流。二极管图形符号如图2.11所示。

表2.8 我国半导体分立器件命名方法

第一部分（电极数目）		第二部分（材料和极性）		第三部分（器件类型）				第四部分	第五部分
符号	意 义	符号	意 义	符号	意 义	符号	意 义		
2	二极管	A	N型锗材料	P	普通管	D	低频大功率管（f_a<3 MHz P_C≥1 W）	用数字表示器件序号	用汉语拼音表示规格的区别代号
		B	P型锗材料	V	微波管	A	高频大功率管（f_a≥3 MHz P_C≥1 W）		
		C	N型硅材料	W	稳压管	T	半导体闸流管（可控硅整流器）		
		D	P型硅材料	C	参数管	Y	体效应器件		
3	三极管	A	PNP型锗材料	Z	整流管	B	雪崩管		
		B	NPN型锗材料	L	整流堆	J	阶跃恢复管		
		C	PNP型硅材料	S	隧道管	CS	场效应管		
		D	NPN型硅材料	N	阻尼管	BT	半导体特殊器件		
		E	化合物材料	U	光电器件	FH	复合管		
				K	开关管	JG	激光器件		
				X	低频小功率管（f_a<3 MHz P_C<1 W）	PIN	PIN管		
				G	高频小功率管（f_a≥3 MHz P_C<1 W）				

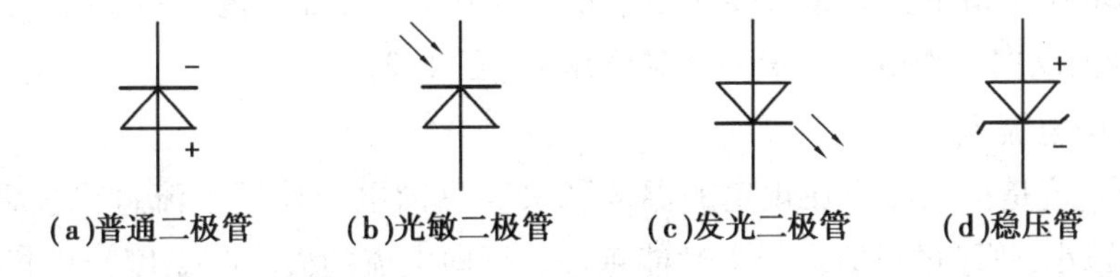

图2.11 二极管图形符号

(2)二极管的伏安特性曲线

当二极管加载正向电压时，有一死区电压（或称开启电压），其大小与材料及环境温度有关。一般来说，硅管的死区电压约为0.5 V，锗管的死区电压约为0.1 V。当二极管正向电压超过死区电压后，正向电流变化很大，而电压的变化极小，曲线几乎接近于直线。为了计算的方便，通常认为硅管的导通电压为0.6～0.7 V，锗管的导通电压为0.2～0.3 V。

当二极管加载反向电压时，由图2.12可见，反向电流很小且与反向电压无关，称为反向饱和电流 I_s，小功率硅管的反向饱和电流小于0.1 A，锗管约为几十微安。由于半导体的热敏特性，反向饱和电流将随温度的升高而增大。

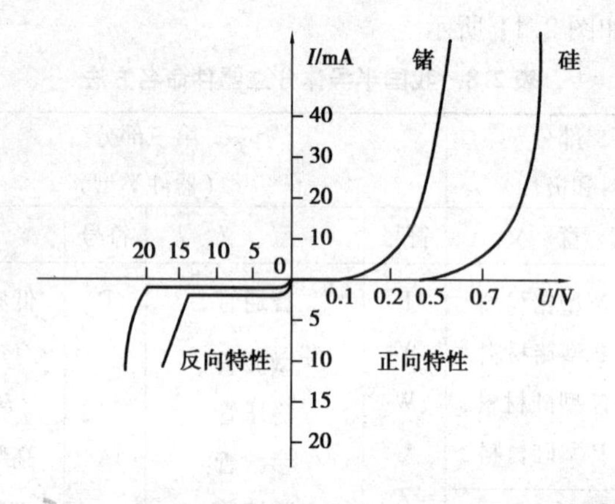

图2.12　二极管伏安特性曲线

当反向电压超过一定限度时，反向电流将急剧增加，二极管失去了单向导电性，这种现象称为反向击穿，此时的反向电压称为反向击穿电压 U_{BR}。同型号的二极管的击穿电压 U_{BR} 值差别很大，从几十伏到几千伏。

(3)**二极管的主要参数**

一般常用的二极管主要有以下4个参数：

1)最大整流电流 I_{FM}

最大整流电流是指二极管长期连续工作时允许通过的最大正向电流值，其值与PN结面积及外部散热条件等有关。因为电流通过管子时会使管芯发热，温度上升，温度超过容许限度(硅管约为141 ℃，锗管约为90 ℃)时，就会使管芯过热而损坏。因此，在规定散热条件下，二极管使用中不要超过二极管最大整流电流值。

2)最大反向电压 U_{RM}

最大反向电压是指不会引起二极管击穿的反向电压。加在二极管两端的反向电压不能超过 U_{RM}，二极管的反向工作电压一般为击穿电压 U_{BR} 的1/2。

3)最大反向电流 I_R

最大反向电流是指二极管在规定的温度和最高反向电压作用下流过二极管的反向电流 I_R。反向电流越小，管子的单方向导电性能越好。反向电流的大小与温度密切相关，一般温度升高，反向电流增大。

4)最高工作频率 F_M

最高工作频率是指二极管工作的上限频率。超过此值时，由于结电容的作用，二极管将不能很好地体现单向导电性。二极管结电容越大，则最高工作频率越低。一般小电流二极管的

F_M 高达几百兆赫,而大电流整流管的 F_M 只有几千赫。

(4)**晶体二极管的使用与检测**

1)普通二极管

小功率锗二极管的正向电阻为300~500 Ω,硅二极管为1 kΩ或更大些。锗二极管的反向电阻为几十千欧,硅二极管的反向电阻在500 kΩ以上(大功率的其值要小些)。

根据二极管的正向电阻小而反向电阻大的特点,可判断二极管的极性。将万用表拨到欧姆挡(一般用 $R\times100\ \Omega$ 或 $R\times1\ \mathrm{k}\Omega$ 挡,不要用 $R\times1\ \Omega$ 挡或 $R\times10\ \mathrm{k}\Omega$ 挡。因为 $R\times1\ \Omega$ 挡使用电流太大,容易烧毁管子,而 $R\times10\ \mathrm{k}\Omega$ 挡使用的电压太高,可能击穿管子)。用表笔分别与二极管的两极性相连,测出两阻值,在所测得阻值较小的一次,与黑表笔相连的一端即为二极管的正极。同理,在所测得阻值较大的一次,与黑表笔相接的一端为二极管的负极。如果测得的反向电阻很小,则说明二极管内部短路;如果测得的正向电阻很大,则说明管子内部断路。在这两种情况下,二极管就必须报废。

2)发光二极管

发光二极管是一种将电能变换成光能的半导体器件,当它通过一定的电流时就会发光,具有体积小、工作电压低、工作电流小等特点。发光二极管内部是一个PN结,具有单向导电性,故其检测极性的方法类似于一般二极管的测量。一般有引脚的发光二极管,长引脚为正极,短引脚为负极。

2.7.4　晶体三极管

(1)**概述**

三极管全称应为半导体三极管(也称双极型晶体管、晶体三极管)。它是一种控制电流的半导体器件,其作用是将微弱信号放大成幅度值较大的电信号,也用做无触点开关。晶体三极管是半导体基本元器件之一,具有电流放大作用,是电子电路的核心元件。三极管是在一块半导体基片上制作两个相距很近的PN结,这两个PN结将整块半导体分成三部分,中间部分是基区,两侧部分是发射区和集电区,排列方式有两种:PNP和NPN。三极管图形如图2.13所示。

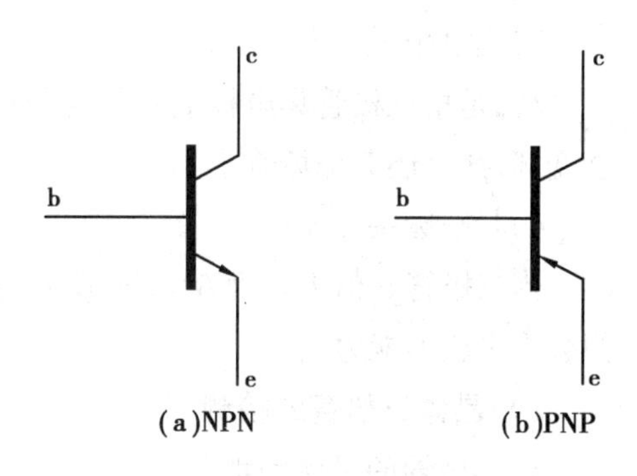

图2.13　三极管图形符号

(2)**三极管的三种工作状态**

三极管在电路中一般表现为三种工作状态,分别为截止状态、放大状态和饱和导通状态。

1)截止状态

当加在三极管发射结的电压小于PN结的导通电压,基极电流为零,集电极电流和发射极电流都为零,三极管这时失去了电流放大作用,集电极和发射极之间相当于开关的断开状态,称三极管处于截止状态,这时集电结反偏、发射结反偏。

2)放大状态

当加在三极管发射结的电压大于PN结的导通电压,并处于某一恰当的值时,三极管的发射结正向偏置,集电结反向偏置,这时基极电流对集电极电流起着控制作用,使三极管具有电流放大作用,其电流放大倍数$\beta=\Delta I_c/\Delta I_b$,三极管处放大状态,这时集电结反偏、发射结正偏。

3)饱和导通状态

当加在三极管发射结的电压大于PN结的导通电压,并当基极电流增大到一定程度时,集电极电流不再随着基极电流的增大而增大,而是处于某一定值附近不怎么变化,这时三极管失去电流放大作用,集电极与发射极之间的电压很小,集电极和发射极之间相当于开关的导通状态,三极管的这种状态称为饱和导通状态,这时集电结正偏、发射结正偏。

(3)三极管的主要参数

1)电流放大倍数β

在共射极放大电路中,若交流输入信号为零,则管子各极间的电压和电流都是直流量,此时的集电极电流I_c和基极电流I_b之比$\bar{\beta}$称为共射直流电流放大系数。当共射极放大电路有交流信号输入时,因交流信号的作用,必然会引起I_B的变化,相应的也会引起I_c变化,两电流变化量的比称为共射交流电流放大系数β,即

$$\bar{\beta}=\frac{I_c}{I_b}\qquad \beta=\frac{\Delta I_c}{\Delta I_b}$$

2)集电极最大电流I_{CM}

I_{CM}是指三极管的参数变化不允许超过集电极允许的最大电流。

3)集电极最大允许功耗P_{CM}

P_{CM}是指三极管集电极上允许的损耗最大值。当实际功耗P_C大于P_{CM}时,会使三极管性能变坏,甚至还会烧坏管子。

4)特征频率

当三极管β值下降到$\beta=1$时所对应的频率,称为特征频率,当工作频率$f>f_T$时,三极管便会失去放大能力。

(4)晶体三极管的检测

1)三极管的极性判别

用万用表判别三极管的依据是:NPN型三极管基极到集电极和基极到发射极均为PN结的正向,而PNP型三极管基极到集电极和基极到发射极均为PN结的反向。

①判定晶体三极管的基极

对于功率在1 W以下的中小功率管,可以用万用表$R\times1\ \mathrm{k\Omega}$或$R\times100\ \Omega$挡测量。如果用黑笔接触某一只管脚,红笔分别接触另两只管脚,测出读数都很小,则与黑笔接触的那只脚就是基极,同时得出此三极管为NPN型。如果用红笔接触某一只管脚,黑笔分别接触另两只管脚,测出的读数都很小,则与红笔接触的那只管脚为基极,同时得出此三极管为PNP型。

②判定发射极和集电极

对于NPN型三极管,根据NPN穿透电流的流向原理,用万用表的黑、红表笔颠倒测量两极间的正、反向电阻R_{ce}和R_{ec},虽然两次测量中万用表指针偏转角度都很小,但仔细观察,总会有一次偏转角度稍大,此时电流的流向一定是:黑表笔→c极→b极→e极→红表笔,电流流向正好与三极管符号中的箭头方向一致(“顺箭头”),此时黑表笔所接的一定是集电极c,红表笔所接的一定是发射极e。

对于PNP型的三极管,其原理也类似于NPN型,其电流流向一定是:黑表笔→e极→b极→c极→红表笔,其电流流向也与三极管符号中的箭头方向一致,此时黑表笔所接的一定是发射极e,红表笔所接的一定是集电极c。

2)三极管的好坏检测

用万用表测三极管基极与集电极、基极与发射集的正向电阻,若正向电阻小、反向电阻大,说明管子是好的;若正向电阻趋于无穷大,说明管子内部断线;若反向电阻很小,说明管子击穿。

2.8　集成电路

集成电路(Integrated Circuit)是一种微型电子器件或部件。采用一定的工艺将一个电路中所需的晶体管、电阻、电容和电感等元件及布线互连一起,制作在一小块或几小块半导体晶片或介质基片上,然后封装在一个管壳内,成为具有所需电路功能的微型结构。其中所有元件在结构上已组成一个整体,使电子元件向着微小型化、低功耗、智能化和高可靠性方面迈进了一大步。它在电路中用字母“IC”表示。

集成电路具有体积小、质量小、引出线和焊接点少、寿命长、可靠性高、性能好等优点,同时成本低,便于大规模生产。它不仅在工业和民用电子设备(如收录机、电视机、计算机等)方面得到广泛的应用,同时在军事、通信、遥控等方面也得到广泛的应用。用集成电路来装配电子设备,其装配密度比晶体管可提高几十倍至几千倍,设备的稳定工作时间也可大大提高。

2.8.1　集成电路的分类

集成电路有多种分类方法,可按集成度、制造工艺、使用功能分类。

(1)按集成度

按集成度可分为小规模(SSIC)、中规模(MSIC)、大规模(LSIC)、超大规模(VLSIC)。

(2)按制造工艺

按制造工艺可分为半导体集成电路、膜集成电路、混合集成电路,其中膜集成电路又可分为薄膜、厚膜两种。

(3) **按使用功能**

按使用功能划分集成电路是国外通用办法，见表2.9。

表2.9 集成电路功能划分

集成电路	音频/视频电路	音频放大电路、音频/射频信号处理器
		视频电路、电视电路
		音频数字电路、视频数字电路
		特殊音频/视频电路
	数字电路	门电路、触发器、计数器、加法器、延时器、锁存器
		算术逻辑单元、编码器、译码器、脉冲产生振荡器、多谐振荡器
		可编程逻辑电路(PAL,GAL,FPGA,ISP)
		特殊数字电路
	线性电路	放大器、模拟信号处理器
		运算放大器、电压比较器、乘法器
		电压调整器、基准电压电路
		特殊线性电路
	微处理器	微处理器、单片机电路
		数字信号处理器(DSP)
		通用/专用支持电路
		特殊微处理器
	存储器	动态/静态 RAM
		ROM,PROM,EPROM,E^2PROM
		特殊存储器件
	接口电路	缓冲器、驱动器
		A/D,D/A,电平转换器
		模拟开关、模拟多路器、数字多路器、数字选择器
		取样电路、保持电路
		特殊接口电路
	光电电路	光电通信、光电传送器
		发光器、光接收器
		光电耦合器、光电开关器
		特殊光电器

2.8.2　集成电路的封装

集成电路的封装方法有:金属圆形、功率塑封、双列直插、单列直插、双列表面安装、双列表面外形J形引脚、扁平矩形、塑封引线芯片车载、球栅阵列、矩形无引脚、软封装。

2.8.3　集成电路命名

集成电路命名分五部分,每部分各字母所代表的含义见表2.10。

表2.10　集成电路命名含义

第一部分		第二部分		第三部分	第四部分		第五部分	
字母表示符合国家标准		器件类型		数　字	工作湿度范围		封　装	
符号	意义	符号	意　义	意　义	符号	意　义	符号	意　义
C	中国制造	T	TTL 电路	用数字表示器件的系列代号	C	0～70 ℃	F	多层陶瓷扁平
		H	HTL 电路		G	-25～70 ℃	B	塑料扁平
		E	ECL 电路		L	-24～85 ℃	H	黑瓷扁平
		C	CMOS 电路		E	-40～85 ℃	D	多层陶瓷双列直插
		M	存储器		R	-55～85 ℃	J	黑瓷双列直插
		Micro	微型机电路		M	-55～125 ℃	P	塑料双列直插
		F	线性放大器				S	塑料单列直插
		W	稳定器				K	金属菱形
		B	非线性电路				T	金属圆形
		J	接口电路				C	陶瓷芯片载体
		AD	A/D 转换器				E	塑料芯片载体
		DA	D/A 转换器				G	网络针栅陈列
		D	音响、电视电路					
		SC	通信专用电路					
		SS	敏感电路					
		SW	钟表电路					

2.8.4　集成电路检测注意事项

(1)了解集成电路及其相关电路的工作原理

检查和修理集成电路前要熟悉所用集成电路的功能、内部电路、主要电气参数、各引脚的作用以及引脚的正常电压、波形与外围元件组成电路的工作原理。

(2)测试避免造成引脚间短路

电压测量或用示波器探头测试波形时，避免造成引脚间短路，最好在与引脚直接连通的外围印刷电路上进行测量。任何瞬间的短路都容易损坏集成电路，尤其在测试扁平型封装的CMOS集成电路时更要加倍小心。

(3)要注意电烙铁的绝缘性能

不允许带电使用烙铁焊接，要确认烙铁不带电，最好把烙铁的外壳接地，对MOS电路更应小心，能采用6～8 V的低压电烙铁就更安全。

2.9 话筒和扬声器

话筒、扬声器等属于电声元器件，话筒是将声音转化成电信号，扬声器是将电信号转化成声音。本节的主要内容是介绍它们的结构、性能指标、好坏判别及检修方法。

2.9.1 话筒

话筒又称传声器。它是声电转换的换能器，通过声波作用到电声元件上产生电压，再转为电能。话筒的种类繁多，主要有电动式、晶体式、碳粒式、电容式等，其中使用最广泛的是电动式。

电动式话筒具有结构简单、坚固耐用、稳定性好、噪声低、频率响应较好和抗冲击能力强的特点，其结构如图2.14所示。音圈放置在磁钢的圆形气隙中，音圈粘在振膜上。当声波作用在振膜上时，振膜带动音圈在磁钢所产生的磁场中作相应振动，从而切割磁力线，音圈两端就会产生感应电动势，于是声波就被转换成相应的音频电信号。由于话筒输出的感应电动势很弱，通常在话筒输出端配接升压变压器。

风罩是话筒重要的附件，风罩能减少气流声以及口齿呼吸杂音，还能防止灰尘落入。

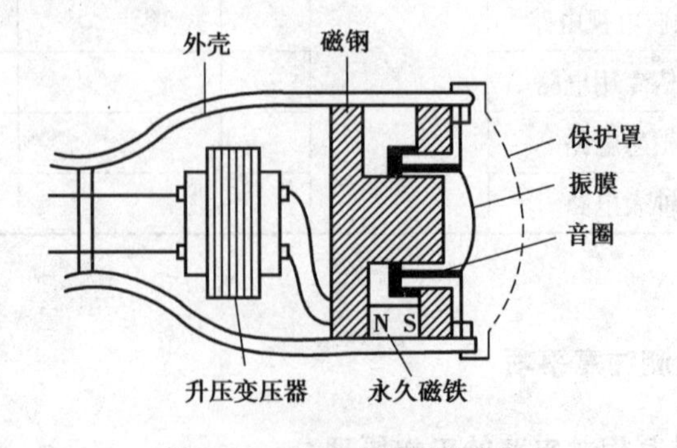

图2.14　电动式话筒的结构

2.9.2　扬声器

扬声器俗称喇叭，是用来将音频电信号转化成声音信号的电声元器件，其结构如图2.15所示。扬声器种类很多，按结构可分为号筒式、纸盆式、平板式、组合式等，按形状可分为圆形、椭圆形等，按工作频率可分为高音扬声器、中音扬声器、低音扬声器、全音扬声器等，按电声转换方式可分为电动式、压电式、电磁式、气动式。

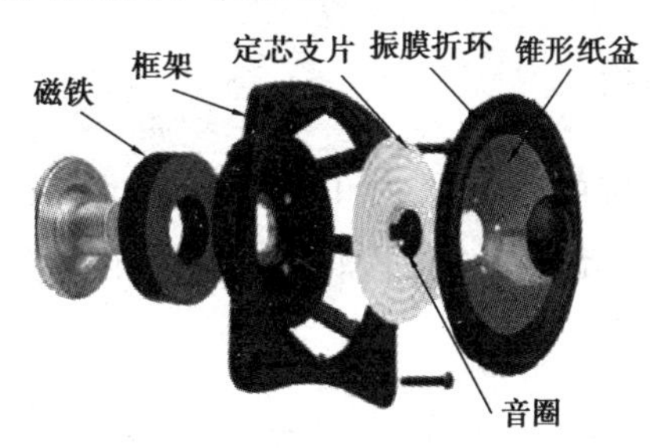

图2.15　扬声器结构

(1) **工作原理**

扬声器与话筒的工作方式相反，它是首先将电信号转变成相应的机械振动，然后机械振动通过辐射器(纸盆)引起它周围的空气波动，从而完成了电声的转换过程。

(2) **主要参数**

1) 标称功率

扬声器的标称功率又称为额定功率，它是指扬声器长时间连续工作时所能承受的最大输出功率，常见的标称功率有0.25、1 W等。

2) 口径

扬声器的口径是指纸盆的最大外径。一般来说，口径越大，额定功率越大，它的发音低频响应好，声音丰满有力度。

3) 阻抗

阻抗即音圈阻抗，它是指扬声器在某一规定频段内对音频信号所呈现的阻抗值。常见的扬声器的音圈阻抗有4、8、16 Ω。

(3) **检测方法**

①检测外观，看纸盆是否有破损。

②估测扬声器的好坏用1节5号干电池(1.5 V)，用导线将其负极与扬声器的某一端相接，再用电池的正极去触碰扬声器的另一端，正常的扬声器应发出清脆的“咔咔”声。若扬声器不发声，则说明该扬声器已损坏。若扬声器发声干涩沙哑，则说明该扬声器的质量不佳。

③将万用表置于$R\times1$ Ω挡，用红表笔接扬声器某一端，用黑表笔去触碰扬声器的另一端，正常时扬声器应有“喀喀”声，同时万用表的表针应作同步摆动。若扬声器不发声，万用表指针也不摆动，则说明音圈烧断或引线开路。若扬声器不发声，但表针偏转且阻值基本正常，则是扬声器的振动系统有问题。

2.10 开　关

开关通常又称为接触件。它是由可移动的导体(称作开关的刀)、固定的导体(称作开关的位或称闸),通过机械的结构使它们能接通和关断。

2.10.1 开关的种类和结构

晶体管收音机常用的开关有单刀开关(如电源开关),也有好几个刀和位可以同时转换的(如波段转换开关),它具有使回路从一个波段转换到另一个波段的作用。开关结构如图 2.16 所示。

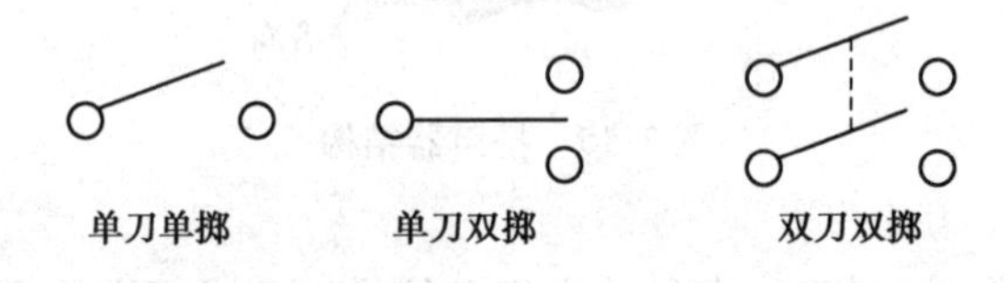

图 2.16　开关结构

2.10.2 开关的好坏判别和检修

检查开关的简便方法是用万用表的最低挡($R\times1\ \Omega$)进行测量,测其每把刀和刀所接到的那个位间电阻。接触良好时万用表应直通,检查时开关应该多拨动几次,每次拨在接通位置都要求接触良好。如果万用表有读数或干脆接不通,说明这一把刀和它的位是接触不良,如果拨到另外一挡,将万用表拨在高阻挡($R\times10\ \text{k}\Omega$)量程,测量那些不该接通的两点之间的电阻时,电表稍微偏转一些,这就说明开关有漏电现象,已不能使用。

开关最常见的故障就是接触不良,造成接触不良的主要原因如下:

①接触点的接触弹簧片失去弹性,这时可以用镊子把接触簧片拨一下,使它能夹紧一些。接触簧片之所以会失去弹性,主要是由于拨动的次数较多,使金属簧片逐渐产生变形所致。另外,在焊接的时候,操作要快,否则受热时间过久,也会使接触簧片失去弹性。

②触点发霉,接触点上产生氧化层,接触点上有油污、灰尘等将造成接触不良,或使接触电阻增加,这种情况可以用纱布蘸汽油把簧片仔细擦拭一下,并将开关拨动多次,使它们相互擦拭把其中的霉点擦去,待汽油蒸发后,最好用稀油或质地较纯的凡士林做润滑油擦拭在接触点上。

2.11 表面安装元件

随着电子产品的小型化,元器件已经改变了原来的插装方式,变成了表面贴装元件,这些元件一般都很小,封装方式有多种,没有引线或者引线很短。表面贴装元件分为SMC和SMD。SMC主要是指一些无源的表面贴装元件,如片式电阻、电容、电感等。SMD主要是指一些有源的表面贴装元件,如小外形晶体管(SOT)及四方扁平组件(QFP)。

2.11.1 贴片电阻

片式固定电阻(俗称贴片电阻),是金属玻璃铀电阻中的一种。它是将金属粉和玻璃铀粉混合,采用丝网印刷法印在基板上制成的电阻,耐潮湿和高温,温度系数小。贴片电阻可大大节约电路空间成本,使设计更精细化。贴片电阻有矩形和圆柱形两种,如图2.17所示。

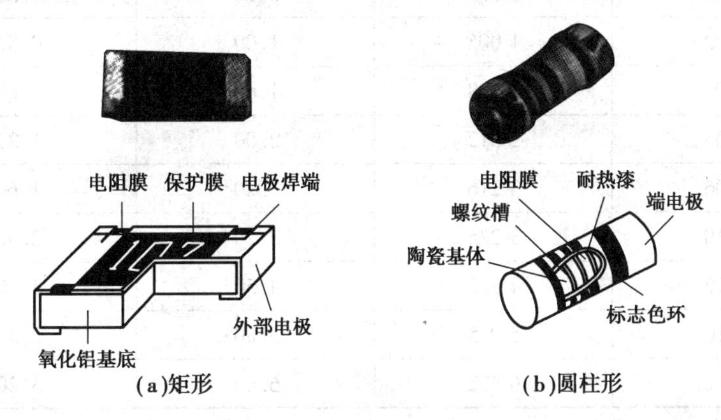

图2.17 贴片电阻

(1)命名方法

矩形片状电阻型号命名并未统一,生产厂家各不相同,但型号中的参数(如尺寸、允许误差、温度系数、包装方式)基本是一样的。贴片电阻参数有:尺寸代码、额定功率、最大工作电压、额定工作温度、标称电阻值、允许误差、温度系数及包装形式。

下面以风华高科贴片电阻为例说明:

5%精度的命名:RS-05K102JT

1%精度的命名:RS-05K1002FT

"R"表示电阻。

"S"表示功率,0402是1/16 W、0603是1/10 W、0805是1/8 W、1206是1/4 W、1210是1/3 W、1812是1/2 W、2010是3/4 W、2512是1 W。

"05"表示尺寸(in):02表示0402、03表示0603、05表示0805、06表示1206、10表示1210、12表示2512。

“K”表示温度系数为 100×10^{-6}。

102 表示:前两位表示有效数字,第三位表示有多少个零,基本单位是 Ω,102 表示 1 000 Ω = 1 kΩ。

1 002 表示:前三位表示有效数字,第四位表示有多少个零,基本单位是 Ω,1 002 表示 10 000 Ω = 10 kΩ。

“J”表示精度为 5%。

“F”表示精度为 1%。

“T”表示编带包装。

(2)**封装尺寸**

常见贴片电阻有 9 种封装形式,其封装尺寸见表 2.11。

表 2.11　贴片电阻封装尺寸

英制/in	公制/mm	长/mm	宽/mm
0 201	0 603	0.60	0.30
0 402	1 005	1.00	0.50
0 603	1 608	1.60	0.80
0 805	2 012	2.00	1.25
1 206	3 216	3.20	1.60
1 210	3 225	3.20	2.50
1 812	4 832	4.50	3.20
2 010	5 025	5.00	2.50
2 512	6 432	6.40	3.20

(3)**标注方法**

贴片电阻标注方法常规有两种形式:数字表示法、数字字母表示法。

1)数字表示法

①采用 3 位数字表示:第 1 位和第 2 位表示有效数字,第 3 位为倍数,即 0 的个数。小于 10 Ω 的电阻,用 R 表示,单位为欧[姆]级的小数点,用 m 代表单位为毫欧[姆]级的小数点。例如:103 表示阻值为 10×10^{3} Ω = 10 000 Ω = 10 kΩ。通常此种表达式为普通型电阻,阻值误差一般为 10% 或 5%。1R0 表示 1.0 Ω,R007 表示 0.007 Ω,4m7 表示 4.7 mΩ。

②采用 4 位数字表示:第 1 位、第 2 位和第 3 位数字表示有效数字,第 4 位为倍数,即 0 的个数。例如:1 003 表示阻值为 100×10^{3} Ω = 100 000 Ω = 100 kΩ。通常这种表达式为精密型电阻,阻值误差一般为 1%。

2)数字字母表示法

两位数字后面加一字母表示法:这种方法前面两位数字表示电阻值的有效数值,后面的字母表示有效数值后面应乘以 10 的多少次方,单位为 Ω。适用于 0603 以下小体积电阻的标识,其阻值误差常规为 1%,其具体代码识别见表 2.12。例如:18 A,表示 150 Ω;02C,表示 10.2 kΩ。

表 2.12　E96 标识代码表

代码	01	02	03	04	05	06	07	08	09	10
数字	100	102	105	107	110	113	115	118	121	124
代码	11	12	13	14	15	16	17	18	19	20
数字	127	130	133	137	140	143	147	150	154	158
代码	21	22	23	24	25	26	27	28	29	30
数字	162	165	169	174	178	182	187	191	196	200
代码	31	32	33	34	35	36	37	38	39	40
数字	205	210	215	221	226	232	237	243	249	255
代码	41	42	43	44	45	46	47	48	49	50
数字	261	267	274	280	287	294	301	309	316	324
代码	51	52	53	54	55	56	57	58	59	60
数字	332	340	348	357	365	374	383	392	402	412
代码	61	62	63	64	65	66	67	68	69	70
数字	422	432	442	453	464	475	487	499	511	523
代码	71	72	73	74	75	76	77	78	79	80
数字	536	549	562	576	590	604	619	634	649	665
代码	81	82	83	84	85	86	87	88	89	90
数字	681	698	715	732	750	768	787	806	825	845
代码	91	92	93	94	95	96				
数字	866	887	909	931	953	976				

代码	A	B	C	D	E	F	G	H	X	Y	Z
倍率	0	1	2	3	4	5	6	7	-1	-2	-3

2.11.2　贴片电容

贴片电容的外形与贴片电阻相似,只是稍薄。一般贴片电容为白色基体,多数钽电解电容却为黑色基体,其正极端标有白色极性。

(1)命名方法

对于贴片电容命名国内外厂家有所不同,但包含的参数是一样的,主要有以下内容:

①贴片电容的尺寸(0201、0402、0603、0805、1206、1210、1808、1812、2220、2225)。

②贴片电容的材质(COG、X7R、Y5V、Z5U、RH、SH)。

③要求达到的精度(±0.1 pF、±0.25 pF、±0.5 pF、5%、10%、20%)。

④电压(4、6.3、10、16、25、50、100、250、500、1 000、2 000、3 000 V)。

⑤容量(0 ~ 47 μF)。

⑥端头的要求(N 表示三层电极)。

⑦包装的要求(T 表示编带包装,P 表示散包装)。

以风华系列的贴片电容的命名为例:0805CG102J500NT。

"0805"表示指该贴片电容的尺寸大小,其中:"08"表示长度为0.08 in,"05"表示宽度为0.05 in(1 in = 2.54 cm)。

"CG"表示生产电容要求用的材质。

"102"表示电容容量,前面两位是有效数字,后面一位数字表示有多少个零,"102"表示 10×10^2 pF = 1 000 pF。

"J"表示要求电容的容量值达到的误差精度为5%,介质材料和误差精度是配对的。

"500"表示要求电容承受的耐压为50 V,同样"500"前面两位是有效数字,后面一位数字表示有多少个零。

"N"表示端头材料,现在一般的端头都是指三层电极(银/铜层)、镍、锡。

"T"表示包装方式,"T"表示编带包装,"B"表示塑料盒散包装。

(2)标注方法

1)数字表示法

贴片电容采用数字表示法来表示标称容量,采用三个数字表示,从左到右,前两位是有效数字,第三位是倍率乘数,字母表示允许误差,单位为 pF。例如:"103F"表示容量值是 10×10^3 pF = 10 000 pF = 0.01 μF。"F"表示±1%。若有小数点,则用"P"表示,如"1P5"表示1.5 pF。

2)字母、数字组合表示法

在白色基线上打印一个黑色数字和一个黑色字母(或在黑色衬底上打印一个白色字母和一个白色数字)作为代码。其中,字母表示容量的前两位数字,后面的数字表示零的个数,单位为 pF。字母和数字组合表示法字母含义见表2.13。

表2.13　字母和数字组合表示法字母含义

字母	A	B	C	D	E	F	G	H	J	K	L	M
数值	1.0	1.1	1.2	1.3	1.5	1.6	1.8	2.0	2.2	2.4	2.7	3.0
字母	N	O	Q	R	S	T	W	X	Y	Z	a	b
数值	3.3	3.6	3.9	4.3	4.7	5.1	6.8	7.5	8.2	9.1	2.5	3.5
字母	d	e	f	u	m	v	h	t	y			
数值	4.0	4.5	5.0	5.6	6.0	6.2	7.0	8.0	9.0			

2.11.3　其他贴片元器件

贴片电阻和贴片电容是电子产品中比较常见的元器件，除此之外，还有贴片电感、贴片二极管、贴片三极管、贴片集成电路等，如图2.18所示。

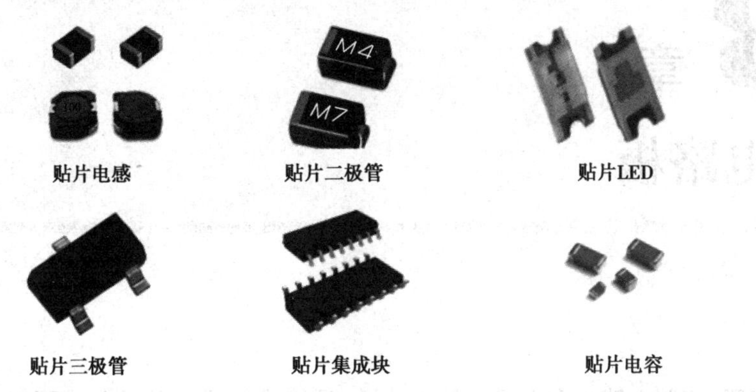

图2.18　常用贴片元器件

第 3 章 印制电路板

本章摘要：印制电路板和电子元器件一样，是构成电子产品的基本要素，也是电子工业的重要组成部分，大多数电子设备都要使用印制电路板，其主要起着承载和连接的作用。它可以实现电路中各元器件的电气连接，代替复杂的布线，减少传统方式下的工作量，简化电子产品的装配、焊接、调试工作，缩小整机体积，降低产品成本，提高电子设备的质量和可靠性。

知识点：

①了解印制电路板的种类以及印制板的组成材料。

②掌握印制电路板的设计方法，熟悉一种流行的CAD设计软件。

③了解单、双面印制电路板的加工工艺流程。

学习目标：

掌握印制电路板的设计方法，熟悉印制电路板的制作方法以及加工工艺。

3.1 概 述

印刷电路板（Printed Circuit Board，PCB，简称印制板或线路板），是重要的电子部件，也是电子元器件的支撑体，又是电子元器件电气连接的载体。由于它是采用电子印刷技术制作的，故被称为“印刷电路板”。

在印制电路板出现之前，电子元件之间的互连都是依靠电线直接连接而组成完整的线路，造成电子产品不仅体积庞大，而且可靠性低，不易批量生产。

20世纪初，人们为了简化电子产品的制作，减少电子元件间的配线，降低制作成本，于是开始钻研以印刷的方式取代配线的方法。不断有工程师提出在绝缘的基板上加以金属导体作配线，而最成功的是1925年美国的Charles Ducas在绝缘的基板上印刷出线路图案，再以电镀的方式，成功建立导体作配线。

直至 1936 年，奥地利人保罗·爱斯勒(Paul Eisler)在英国发表了箔膜技术，他在一个收音机装置内采用了印刷电路板；而在日本，宫本喜之助以喷附配线法成功申请专利。而两者中保罗·爱斯勒的方法与现今的印制电路板最为相似，这类做法称为“减去法”，是把不需要的金属除去；而 Charles Ducas、宫本喜之助的做法是只加上所需的配线，称为“加成法”。

近十几年来，我国印制电路板制造行业发展迅速，总产值、总产量双双位居世界第一。由于电子产品日新月异，价格战改变了供应链的结构，中国兼具产业分布、成本和市场优势，已经成为全球最重要的印制电路板生产基地。

印制电路板从单层发展到双面板、多层板和挠性板，并不断地向高精度、高密度和高可靠性方向发展。不断缩小体积、减少成本、提高性能，使得印制电路板在未来电子产品的发展过程中仍然保持强大的生命力。

未来印制电路板生产制造技术发展趋势是在性能上向高密度、高精度、细孔径、细导线、小间距、高可靠、多层化、轻量化、薄型化方向发展。

3.2　印制电路板的基础知识

3.2.1　印制电路板的结构

印制电路板在电子产品中起电子元器件固定、机械支撑、电气连接和电绝缘的作用，一块完整的印制电路板主要由五部分组成：绝缘基材、铜箔面、阻焊层、丝印、保护层。

3.2.2　印制电路板的种类

(1)按照电路板的层数分类

1)单面印制电路板(Single-Sided Boards)

单面板是最基本的 PCB，使用单面板时，电子元器件安装在没有线路的一面，导线集中在另一面。正因为导线只出现在板子的一面，所以称作单面板，如图 3.1(a)所示。因为单面板在设计线路上有许多严格的限制(布线不能交叉)，导致这种板子不能布置很复杂的线路，所以只有简单电路的电子产品才使用这种板子。

2)双面印制电路板(Double-Sided Boards)

双面板的两面均覆有铜箔，它的两面均可以布线，但需要金属化通孔(导孔)作为连接。导孔是在 PCB 上，充满或涂上金属的小洞，它可以与两面的导线相连接。因为双面板的布线面积比单面板大了一倍，而且因为布线可以互相交错(可以绕到另一面)，它更适合用在比单面板更复杂的电路上，如图 3.1(b)所示。

3)多层印制电路板(Multi-layer Boards)

为了增加可以布线的面积，多层板用上了更多单面或双面的布线板，用若干块单面板和双面板通过绝缘黏结材料层压在一起,且导电图形按设计要求进行互连的印刷线路板就成为多层印刷电路板,也称为多层印刷线路板。板子的层数并不代表有几层独立的布线层,在特殊情况下会加入空层来控制板厚,通常层数都是偶数,并且包含最外侧的两层。如图 3.1(c)大部分的计算机主机板都是 4 ~ 8 层的结构。多层印制电路板的特点是:①与集成电路块配合使用,可以减小产品的体积与质量;②可以增设屏蔽层,以提高电路的电气性能;③电路连线方便,布线密度高,提高了板面的利用率。

(2)**按照机械性能分类**

1)刚性板

刚性板是由纸基(常用于单面)或玻璃布基(常用于双面及多层)预浸酚醛或环氧树脂,表层一面或两面覆铜箔再层压固化而成的,这种 PCB 覆铜箔板材称为刚性板,再制成 PCB,称为刚性 PCB,刚性板是由不易弯曲、具有一定强韧度的刚性基材制成的印刷电路板,其优点是可以为安装其上的电子元件提供一定的固定支撑。

2)挠性板

挠性板是由柔性基材制成的印刷线路板(FPC),其优点是可以弯曲,便于电器部件的组装。FPC 在航天、军事、移动通信、笔记本电脑、计算机外设、PDA、数字相机等领域或产品上得到了广泛的应用,如图 3.1(d)所示。

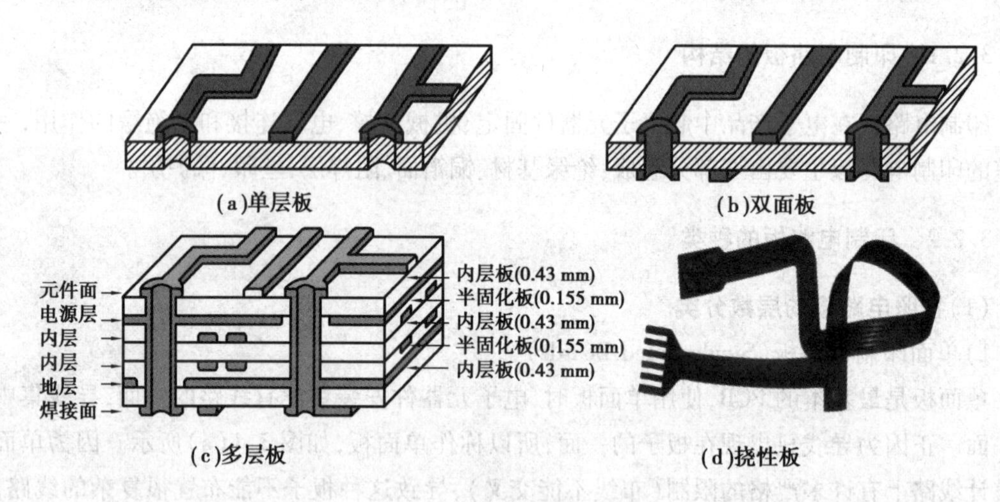

图 3.1　几种常见的印制板

3.2.3　覆铜板

(1)**覆铜板的介绍**

覆铜板(Copper Clad Laminate,CCL)是将补强材料浸以树脂,一面或两面覆以铜箔,经热压而成的一种板状材料。它是做 PCB 的基本材料,常称基材。当它用于多层板生产时,也称芯板,它是制造 PCB 板的主要材料。覆铜板主要包含以下三部分:

①铜箔:它是覆铜板的关键材料,必须要有较高的导电率和良好的可焊性,常用纯度大于

99.8%、厚度为12～105 μm的纯铜箔。

②树脂:合成树脂种类较多,常用的有酚醛树脂、环氧树脂、聚四氟乙烯等。

③增强材料:增强材料一般有纸质和布质两种,例如玻璃布。

(2)**覆铜板的种类**

常用覆铜板见表3.1。

表3.1 常用覆铜板

名　称	标称厚度/mm	铜箔厚度/μm	特　点	应　用
酚醛纸层压板(纸铜箔板)	1.0、1.5、2.0、2.5、3.0、3.2、6.4	50～70	机械强度低,易吸水,不耐高温,价格便宜	一般民用,如收音机
环氧纸质铜箔基板	0.1、0.2、2.0、3.0、3.2、6.4	35～70	价格高于酚醛纸板,机械强度低、耐高温和潮湿性能较好	工作环境好的仪器、仪表及中档以上民用电脑
环氧玻璃布层压板	0.2、0.3、0.5、1.0、1.5、2.0、3.0、5.0、6.4	35～50	耐热、耐湿、耐药,机械强度高	用于工业、军用
聚四氟乙烯铜板	0.25、0.3、0.5、0.8、1.0、1.5、2.0	35～50	价格贵,介电常数低,耐热、耐湿、耐药,机械强度好	航空航天、雷达
聚酰亚胺柔性铜箔基板	0.2、0.5、0.8、1.2、1.6、2.0	35	可绕曲,质量小	民用及工业计算机、仪器、仪表等

(3)**覆铜板的性能**

覆铜板的焊接性能主要体现在抗剥强度、抗弯强度、翘曲度和耐焊性四个方面。

首先,根据产品的技术要求,选择不同档次的覆铜板;其次,根据电子产品的工作环境,选择耐寒、耐高温、耐湿等覆铜板;然后,根据产品的工作频率,选择合适的介质损耗的覆铜板;最后,考虑覆铜板尺寸厚度等指标,选出既满足产品质量要求而价格又合理的覆铜板,以利于节约成本,避免浪费。

3.3 印制电路板的设计

印制电路板设计是每一个电子技术工程师都应掌握的基本技术能力,印制电路板的设计就是设计人员根据电子产品的电路原理图和元件的形状、尺寸,将电子元件合理地进行排列并实现电气连接。印制电路板的电路设计要考虑到电路的复杂程度、元件的外形和重量、工作电流的大小、电路电压的高低,以便选择合适的板基材料,并确定印制电路板的类型。在设计印制导线的走向时,还要考虑到电路的工作频率,以尽量减少导线间的分布电容和分布电感等。PCB 设计的好坏对电路板抗干扰能力影响很大,因此,在进行 PCB 设计时,必须遵守 PCB 设计的一般原则,并应符合抗干扰设计的要求。

3.3.1 印制电路板设计的基本概念

要使电子线路获得最佳性能,元件的布局及导线的布设是很重要的。为了设计出质量好、造价低的 PCB,应首先了解 PCB 设计基础知识。

(1)**元件封装**

元件封装是指元件焊接到电路板时的外观和焊盘位置。既然元件封装只是元件的外观和焊盘位置,那么纯粹的元件封装仅仅是空间的概念。因此,不同的元件可以共用同一个元件封装;另一方面,由于同种元件也可以有不同的封装,所以在取用焊接元器件时,不仅要知道元件名称,还要知道元件的封装。

1)元件封装的分类

元件的封装形式可以分成两大类:针脚式(直插式)元件封装和 SMT(表面贴装式)元件封装,如图 3.2 所示。针脚式元件封装焊接时,先要将元件针脚插入焊盘导通孔,然后再焊锡。针脚式元件封装的焊盘和过孔贯穿整个电路板,SMT 元件封装的焊盘只限于表面层。

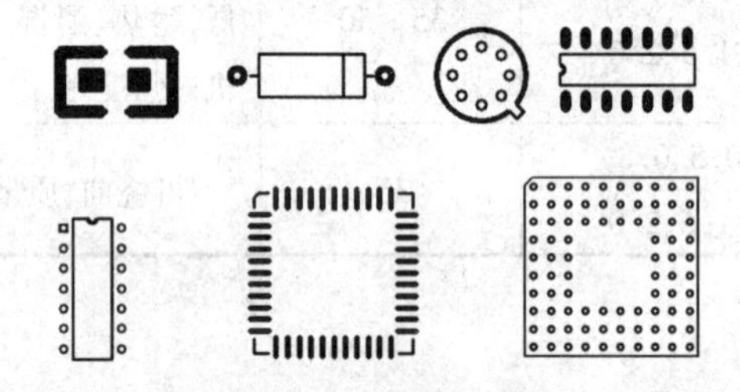

图 3.2　元件的封装形式

2)元件封装的编号

一般为"元件类型 + 焊盘距离(焊盘数) + 元件外形尺寸"。可以根据元件封装编号来判别元件封装的规格。

(2)**铜膜导线**

铜膜导线就是电路板上的实际走线,用于连接各元器件的各个焊盘。与铜膜导线有关的另一种线称为飞线(也称预拉线),飞线是系统在装入网络表后自动生成的,用来指引布线的一种连线。

飞线与铜膜导线的本质区别在于是否具有电气连接特性。飞线只是一种形式上的连线,它只是形式上表示出各个焊盘间的连接关系,没有电气的连接意义。导线则是根据飞线指示的焊盘间连接关系而布置的具有电气连接意义真实的连接线路。

(3)**助焊膜和阻焊膜**

按"膜"所处的位置及其作用,"膜"可分为元件面(或焊接面)助焊膜和元件面(或焊接面)阻焊膜两类。

助焊膜是涂于焊盘上提高可焊性能的一层膜。阻焊膜的作用正好相反,为了使制成的PCB适应波峰焊等焊接形式,要求板子上非焊盘处的铜箔不能粘锡。因此,在焊盘以外的各个部位都要涂覆一层涂料,用于阻止这些部位上锡。由此可见,这两种膜是一种互补关系。

(4)**层**

由于电子线路的元件密集安装、抗干扰和布线等特殊要求,一些较新的电子产品中所用的印制板不仅上下两面可供走线,在板的中间还设有能被特殊加工的夹层铜箔。例如,现在的计算机主板所用的印制电路板材料大多在4层以上。这些层因加工相对较难而大多用于设置走线较为简单的电源布线层,并常用大面积填充的办法来布线。上下位置的表面层与中间各层需要连通的地方用过孔来沟通。

(5)**焊盘和过孔**

1)焊盘

焊盘的作用是放置焊锡、连接导线和元件引脚。选择元件的焊盘类型要综合考虑该元件的形状、大小、布置形式、振动、受热情况和受力方向等因素。焊盘的形状有圆形、方形、八角形等。

自行设计焊盘时还要考虑以下原则:

①形状长短不一致时,要考虑边线宽度与焊盘定边长的大小,差异不能过大。

②需要在元件引脚之间走线时,可选用长短不一的非对称焊盘。

③各元件焊盘孔的大小要按元件引脚粗细分别编辑确定,原则是孔的尺寸比引脚直径大0.2~0.4 mm。

2)过孔

为连通各层之间的线路,在各层需要连通的导线交汇处钻上一个公共孔,这就是过孔。过孔有三种,即从顶层贯通到底层穿透式过孔、从顶层通到内层或从内层通到底层的盲过孔以及内层间的隐藏过孔。

过孔从上面看下去,有两个尺寸,即通孔直径和过孔直径,如图3.3所示。通孔和过孔之间的孔壁,用于连接不同层的导线。

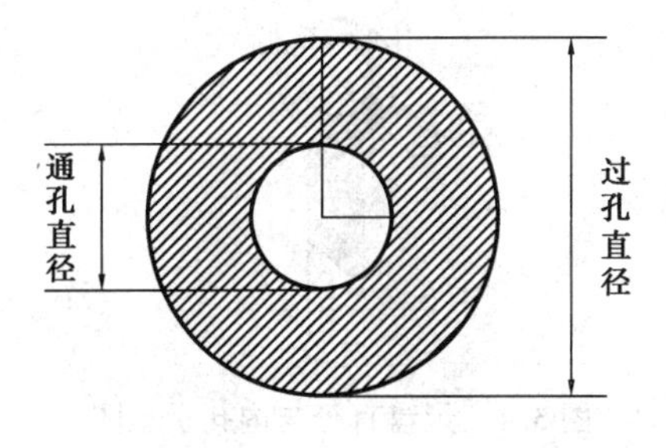

图3.3　过孔示意图

(6)**丝印层**

为方便电路的安装和维修,要在印制板的上下两表面印上必要的标志图案和文字代号等,例如元件标号和标称值、元件轮廓形状和厂家标志、生产日期等,这就称为丝印层。不少初学者设计丝印层的有关内容时,只注意文字符号放置得整齐美观,而忽略了实际制出的 PCB 效果。在他们设计的印制板上,字符不是被元器件挡住就是侵入了助焊区而被抹除了,还有把元件标号打在相邻元件上,如此种种的设计都将会给装配和维修带来很大不便。正确的丝印层字符布置原则是:不出歧义,见缝插针,美观大方。

(7)**敷铜**

对于抗干扰要求比较高的电路板,常常需要在 PCB 上敷铜。敷铜可以有效地实现电路板信号屏蔽作用,提高电路板信号的抗电磁干扰的能力。通常敷铜有两种方式:一种是实心填充方式,另一种是网格状的填充。在实际应用中,实心式的填充比网格状的更好,建议使用实心式的填充方式。

3.3.2 焊盘及印刷导线的设计

(1)**印制焊盘**

焊盘也称接盘,是指印制导线在焊接孔周围的金属部分,供元件引线跨接线焊接用。

1)连接盘的尺寸

连接盘的尺寸取决于焊接孔的尺寸。焊接孔是指固定元件引线或跨接线面贯穿基板的孔。显然,焊接孔的直径应该稍大于焊接元件的引线直径。焊接孔径的大小与工艺有关,当焊接孔径大于或等于印制板厚度时,可用冲孔;当焊接孔径小于印制板厚度时,可用钻孔。一般焊接孔的规格不宜过大,可按表 3.2 选用。

表 3.2　焊接孔尺寸

焊接孔径/mm	0.4、0.5*、0.6	0.8*、1.0、1.2*、1.6*、2.0*
允许误差/mm	Ⅰ级 ±0.05 Ⅱ级 ±0.1	Ⅰ级 ±0.1 Ⅱ级 ±0.15

注:表中有符号“*”者为优先选用。

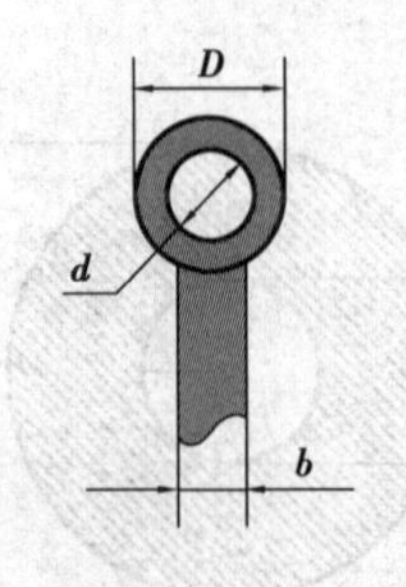

图 3.4　焊盘直径与内孔示意图

连接盘直径 D 应大于焊接孔内径 d,$D=(2\sim3)d$,如图 3.4 所示。为了保证焊接及结合强度,建议采用表 3.3 的尺寸。

表3.3 孔径与最小直径尺寸表

焊接孔径 d/mm	0.4	0.5	0.6	0.8	1.0	1.2	1.6	2.0
焊盘最小直径 D/mm	1.5	1.5	1.5	2.0	2.5	3.0	3.5	4.0

2)连接盘的形状

根据不同的要求选择不同形状的连接盘,圆形连接盘用得最多,因为圆焊盘在焊接时焊锡将自然堆焊成光滑的圆锥形,结合牢固、美观。但有时为了增加连接盘的黏附强度,也采用正方形、椭圆形和长圆形连接盘。常用连接盘形状如图3.5所示。

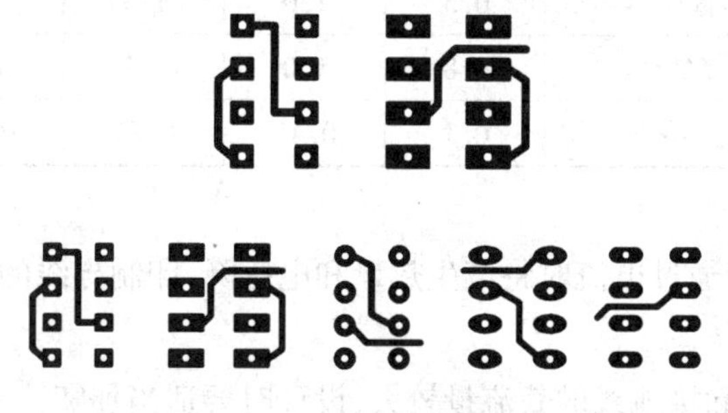

图3.5 常用焊盘形状

3)岛形焊盘

焊盘与焊盘间的连线合为一体,如同水上小岛,故称为岛形焊盘,如图3.6所示。常用于元件的不规则排列中,其有利于元器件密集固定,并可大量减少印制导线的长度与数量。此外,焊盘与印制线合为一体后,铜箔面积加大,使焊盘和印制线的抗剥强度增加。因此,多用在高频电路中,它可以减少接点和印制导线电感,增大地线的屏蔽面积,以减少连接点间的寄生耦合。

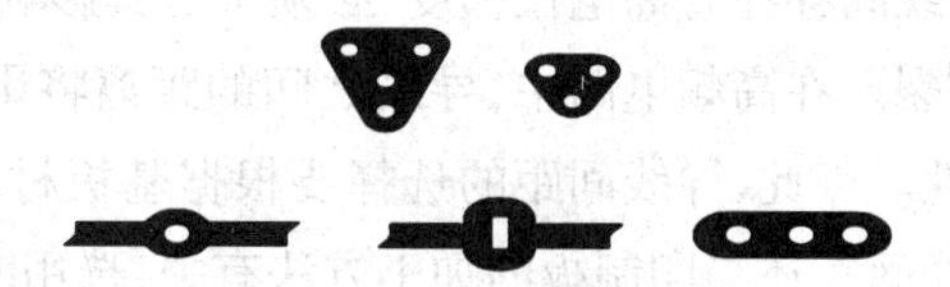

图3.6 岛形焊盘示意图

4)定位孔

定位孔是用于印制电路板制板制作时的加工基准。根据定位精确度要求的不同,有不同的定位方法。印制电路板上的定位孔应该用专门图形符号表示,当要求不高时,也可采用印制线路板内较大的装配孔代替。图3.7给出了三种定位孔图形符号。

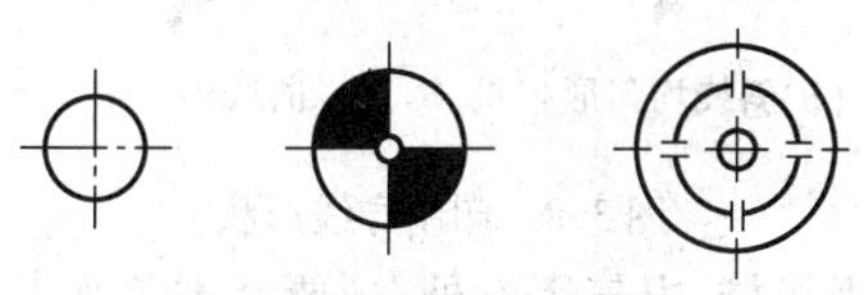

图3.7 定位孔示意图

(2)**印制导线**

设计印制电路板时,当元件布局和布线的方案初步确定后,就要具体地设计印制导线与印制板图形,这时必然会遇到印制线宽度、导线间距等设计尺寸的确定以及图形的格式等问题。设计尺寸和图形格式不能随便选择,它关系到印制板的总尺寸和电路性能。

1)印制导线的宽度

一般情况下,印制导线应尽可能宽一些,这有利于承受电流和制造时方便。表3.4为导线宽度与允许电流量、电阻的关系。

表3.4　导线宽度与允许电流量、电阻的关系

线宽/mm	0.5	1.0	1.5	2.0
I/A	0.8	1.0	1.3	1.9
$R/(\Omega\cdot m)^{-1}$	0.7	0.41	0.31	0.25

印制导线具有电阻,通过电流时将产生热量和电压降,印制导线的电阻在一般情况下可不予考虑。

印制电路的电源线和接地线的载流量较大,设计时要适当加宽,一般取1.5~2.0 mm。

当要求印制导线的电阻和电感小时,可采用较宽的信号线;当要求分布电容小时,可采用较窄的信号线。

2)印制导线的间距

一般情况下,建议导线间距等于导线宽度,但不小于1 mm,否则浸焊就有困难。对微型化设备,导线的最小间距就不应小于0.4 mm。导线间距与焊接工艺有关,采用浸焊或波峰焊时,间距要大一些,手工焊接时的间距可小一些。

在高压电路中,相邻导线间存在着高电位梯度,必须考虑其影响。印制导线间的击穿将导致基板表面炭化、腐蚀和破裂。在高频电路中,导线之间的距离将影响分布电容的大小,从而影响着电路的损耗和稳定性。因此,导线间距的选择要根据基板材料、工作环境、分布电容大小等因素来确定。最小导线间距还与印制板的加工方法有关,选用时应综合考虑。

3)印制导线形状

印制导线的形状可分为平直均匀形、斜线均匀形、曲线均匀形、曲线非均匀形等,如图3.8所示。

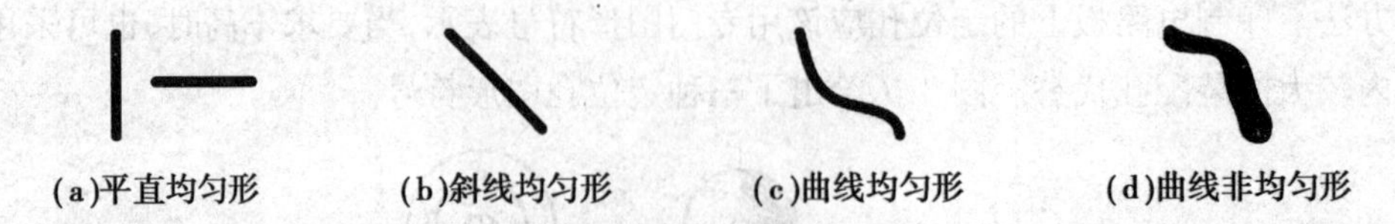

(a)平直均匀形　(b)斜线均匀形　(c)曲线均匀形　(d)曲线非均匀形

图3.8　印制导线形状

印制导线的图形除要考虑机械、电气因素外,还要考虑美观大方(图3.9)。在设计印制导线的图形时,应遵循以下原则:

电子工艺实习报告

学　　院：＿＿＿＿＿＿＿＿＿＿＿＿＿＿＿＿＿＿＿＿

专业班级：＿＿＿＿＿＿＿＿＿＿＿＿＿＿＿＿＿＿＿＿

学　　号：＿＿＿＿＿＿＿＿＿＿＿＿＿＿＿＿＿＿＿＿

姓　　名：＿＿＿＿＿＿＿＿＿＿＿＿＿＿＿＿＿＿＿＿

指导老师：＿＿＿＿＿＿＿＿＿＿＿＿＿＿＿＿＿＿＿＿

实习时间：＿＿＿＿＿＿＿＿＿＿＿＿＿＿＿＿＿＿＿＿

一、单项选择题(每小题1分,共10分)

1.收音机集成块CXA1691BM的第10只引脚的功能是(　　)。

A.调幅本振　　B.调频本振　　C. AM射频输入　　D. FM射频输入

2.调频时,频偏的大小与调制信号的(　　)有关。

A.频率　　B.幅度　　C.相位　　D.强弱

3.超外差式收音机的固定中频是(　　)。

A.接收信号的频率减去本机振荡频率　　B.接收信号的频率加上本机振荡频率

C.本机振荡频率减去接收信号的频率　　D.本机振荡频率加上接收信号的频率

4.一般磁棒天线应用在(　　)频率上。

A.长波　　B.短波　　C.超短波　　D.中短波

5.本机振荡器实质上是一个具有一定频带宽度的(　　)放大器。

A.负反馈　　B.正反馈　　C.电压　　D.电流

6.(　　)作用也是调频收音机抗干扰能力强的关键因素,因此,调频收音机的抗干扰和信噪比均比调幅收音机有显著提高。

A.限幅　　B.限频　　C.正反馈　　D.负反馈

7.使用指针式万用表时,如果无法预先估计被测电阻、电压或电流大小,则应先拨至(　　)量程挡测量一次,再视情况逐渐将量程(　　)到合适位置。测量完毕后,不可旋在(　　)挡。

A.最低、增大、电压　　B.最高、减小、欧姆

C.最低、减小、电压　　D.最高、增大、欧姆

8.变压器是一种(　　)类的器件。

A.电阻　　B.电容　　C.电感　　D.电流

9.变压器的初级电压与次级电压的比值称为(　　)。

A.变压比　　B.额定功率　　C.效率　　D.空载电流

10.三极管工作在放大状态时,集电结(　　),发射结(　　)。

A.正偏 反偏　　B.反偏 正偏　　C.正偏 正偏　　D.反偏 反偏

二、多项选择题(每小题 1 分,共 10 分)

1.电子产品安装过程应遵守的原则是(　　)。

A.先小后大　B.先轻后重　C.先低后高　D.先快后慢

2.AFC 在调频收音机中的作用(　　)。

A.改善解调质量　B.降低信噪比

C.自动调节本机振荡频率　D.防止振荡频率漂移

3.收音机检波电路的作用(　　)。

A.将所需的低频信号从调制信号中解调出来

B.将检波后的直流分量送回中放级,控制中放级的增益

C.将音频信号的电压放大几十至几百倍

D.将中频调制信号还原成音频信号

4.收音机中变频器由(　　)组成。

A.本机振荡器　B.混频器　C.选频电路　D.放大电路

5.收音机中 RP 电位器的作用是(　　)。

A.音量控制　B.波段选择　C.电源开关　D.电流限制

6.电容器的标注方法有(　　)。

A.直标法　B.色环法　C.数学计数法　D.符号法

7.下列器件中属于半导体分立器件的有(　　)。

A.半导体二极管　B.晶体三极管

C.晶闸管　D.场效应晶体管

8.电阻的主要参数有(　　)。

A.标称阻值　B.允许误差　C.额定功率　D.所用材料

9.电位器的检测步骤包括(　　)。

A.测阻值　B.测变化　C.测开关　D.看颜色

10.电子元器件未来发展方向是(　　)。

A.小型化　B.集成化　C.柔性化　D.系统化

三、填空题(每空 0.5 分共 40 分)

(1)单位换算:

①电容换算:1 F=________ μF=________ nF=________ pF

②电感换算:1 H=________ mH=________ μH

③1 in=________ mm,贴片电阻 0805 的尺寸为________。

(2)电阻在电路中的主要作用是________,其标注方法有________、________、________。色环电阻,从 0~9 对应的颜色分别是____,电容是________元件,其主要参数有________、________、________。

(3)二极管具有________导通性,按材料分为________二极管和________二极管。三极管的三种工作状态为________、________、________,在下图中括号里标出发光二极管的正负极。

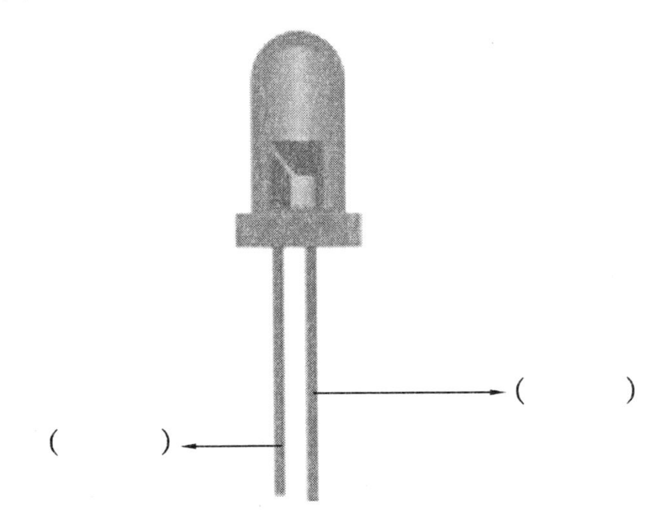

(4)读出下列电容的容量和精度:

104K=____________ 精度为____________;

223=____________ 精度为____________;

103=____________ 精度为____________;

682G=____________ 精度为____________;

10nJ=____________ 精度为____________;

3n3J=____________ 精度为____________。

(5)标出下图色环电阻的阻值及精度：

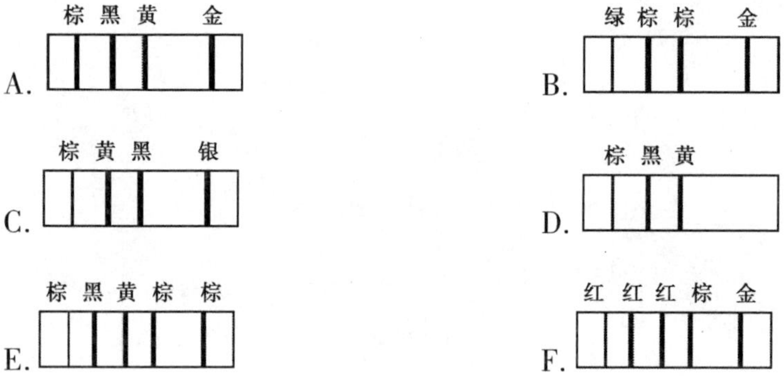

A. 棕 黑 黄 金

B. 绿 棕 棕 金

C. 棕 黄 黑 银

D. 棕 黑 黄

E. 棕 黑 黄 棕 棕

F. 红 红 红 棕 金

A：__________ B：__________ C：__________

D：__________ E：__________ F：__________

(6)电解电容的________引脚为正，________引脚为负，外壳上标记有符号“|”的脚为________极。

(7)通孔安装时，当电阻体的长度大于焊盘间的距离时，电阻应________安装；反之，电阻应________安装。

(8)在工业生产中，SMT 工艺流程包括：丝印焊膏、________、________、________清洗和检测返修等。

(9)印制电路图的制作分为________________、________________。

(10)使用数字万用表测电压时，______表笔插入 VΩ 孔，______表笔插入 COM 孔，将量程旋钮旋至________量程挡测量直流电压，或将量程旋钮旋至________量程挡测量交流电压，需将红黑表笔________在电路回路中，读取显示屏上显示的数据。

(11)数字万用表测量完毕后，应旋至________挡。

(12)焊接是依靠液态________填满母材的间隙并与之形成________的一种过程。

(13)新烙铁不能直接使用，必须先去掉烙铁头表面的保护层，再镀上一层________之后才能使用。

(14)助焊剂的主要作用有________________________、________________________、________________________。

(15)电烙铁不使用时应放在________上，要注意电烙铁的高温，避免烫伤。

(16)若电烙铁电源线已出现铜线裸露，应立即用________________将其包裹，防止漏电。

(17)焊接时电烙铁的撤离要________,而且撤离的________和________对焊点的形成有重要的影响。

(18)收音机通过________选出所需的电台,送到________与________的本机振荡信号进行混频,然后选出________作为中频输出。我国规定AM中频为________,FM中频为________,中频信号经过解调后输出音频信号,音频信号经低频放大、功率放大后获得足够强的电信号,推动扬声器发声。

(19)有极性的元器件,在安装时引脚的位置________互换。

(20)在调频广播中,理论分析和实践表明,调频波的抗干扰能力随频偏的增大而________增强________,随调制信号的频率增加而________减弱________。

四、简答题(15分)

1.画出PCB制作流程框图。(5分)

2.简述手工焊接的五个焊接步骤。(5 分)

3.简述收音机调试步骤。(5 分)

五、测试题(20 分)

1.利用程控电源测试收音机套件里红色发光二极管的开启电压是________ V。(2 分)

2.记录收音机调试关键点的波形,画出扬声器两端的波形。(6 分)

3.测试各集成块的静态工作电压。(6 分)

4.收音机正常工作后,记录以下内容。(每空 2 分,共 6 分)

①万用表黑表笔接地时,整机电阻 $R=$________ Ω;

②万用表红表笔接地时,整机电阻 $R=$________ Ω;

③整机静态工作电流 $I=$________ mA。

六、电子实习的总结与建议。(字数控制在 300 字以内)(5 分)

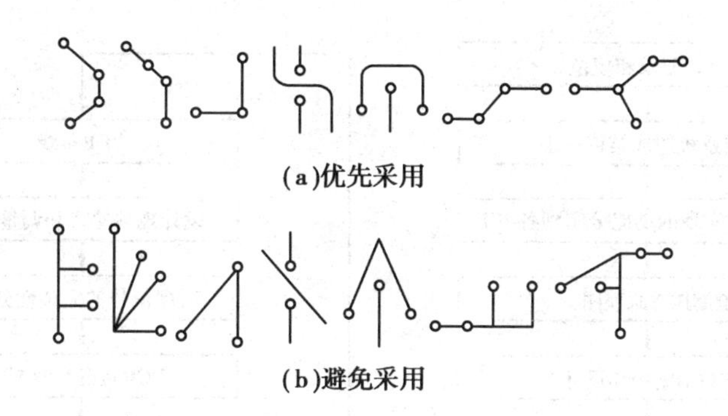

图3.9　印制导线形状

①同一印制板的导线宽度(除地线外)最好一致。

②印制导线应走向平直,不应有急剧的弯曲和出现尖角,所有弯曲与过渡部分均须用圆弧连接。

③印制导线应尽可能避免有分支,如必须有分支,分支处应圆滑。

④印制导线尽量避免长距离平行,对双面布设的印制线不能平行,应交叉布设。

⑤如果印制板面需要有大面积的铜箔(例如电路中的接地部分),则整个区域应镂空成栅状,如图3.10(a)所示。这样在浸焊时能迅速加热,并保证涂锡均匀。此外,还能防止板受热变形,避免铜箔翘起和剥脱。

⑥当导线宽度超过3 mm时,最好在导线中间开槽成两条并行的连接线,如图3.10(b)所示。

图3.10　印制导线设计示意图

3.3.3　PCB 版面设计

(1)PCB 设计流程

PCB的设计就是将设计的电路在一块板上实现。一块PCB上不但要包含所有必需的电路,而且还应该具有合适的元件选择、元件的信号速度、材料、温度范围、电源的电压范围以及制造公差等。一块设计出来的PCB必须能够被制造出来,PCB的设计除了满足功能要求外,还要满足制造工艺及装配要求。为了有效地实现这些设计目标,需要遵循一定的设计过程和规范,如图3.11所示。

1)制订设计要求和规范

通常,一个新的设计要从新的系统规范和功能要求开始。产生了设计的系统规范和功能要求等说明后,就可以进行功能分析,并且产生成本目标、开发计划、开发成本、需要应用的相

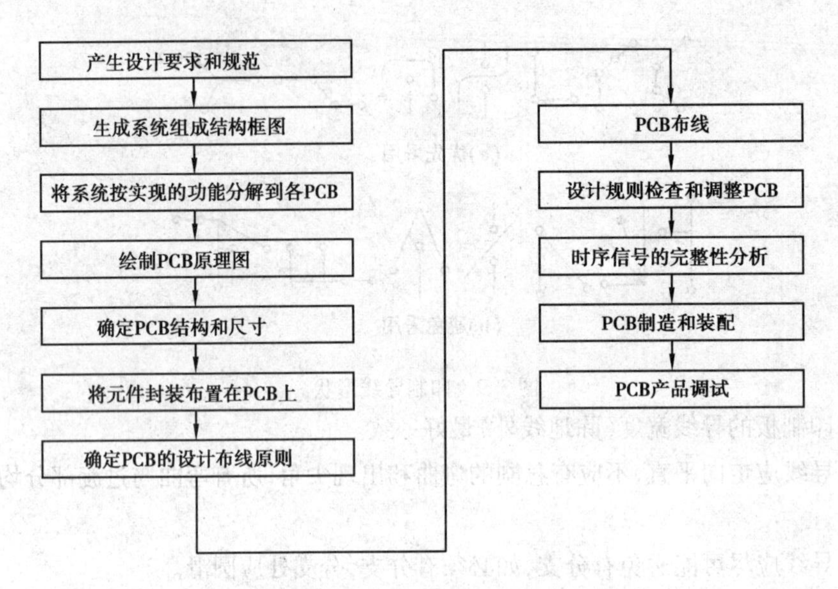

图 3.11　PCB 设计流程

关技术以及各种必需的要求。例如,一个电机控制系统的开发项目,它的设计要求和规范可能包括控制电机的类型(永磁同步电机,PMSM)、电机的功率(100 W)、电压和电流的要求(24 V、5 A)、控制精度要求、平均无故障时间(MTBF)、通信接口的要求、应用环境等。这些设计规范将是整个设计的起点,后续的设计过程将要严格满足这些规范要求。

2)生成系统组成结构框图

一旦获得了系统的设计规范,就可以产生为实现该系统所要求的主要功能的结构框图。这个系统组成的结构框图描述了所设计的系统如何进行功能分解,以及各个功能模块之间的关系。

3)将系统按实现的功能分解到各 PCB

主要功能确定后,就可以按照可应用的技术将实现的电路分解到各 PCB 模块中,在每一个 PCB 中的功能必须可以有效地实现。各 PCB 之间可以通过数据总线或其他通信模式进行连接。一般情况下,通过背板上的总线将各个子 PCB 连接起来。例如:显示屏的背板和数据采集子卡之间的连接,计算机的主板与内存条、显示驱动、硬盘控制器以及 PCMCIA 卡的接口的连接。

4)绘制电路原理图

根据各 PCB 的功能模块,绘制 PCB 实现的电路原理图,从而在原理上实现其功能。在这个过程中,需要 PCB 实现所需要的合适元件以及元件之间的连接方式。

5)确定 PCB 结构和尺寸

确定了原理后,就可以规划 PCB。可以根据电路的复杂程度和成本要求,确定 PCB 的大小。PCB 的大小和层数也有关系,增加板层可以更容易实现复杂电路的布线,从而可以减小 PCB 的尺寸,但板层的增加会增加板的成本。因此,设计人员要折中考虑,如果板的信号要求比较高而且线路复杂,可以使用多层板;如果线路不复杂,则可以使用双面板。具体设计应该综合考虑双面板、多层板的尺寸和制造成本。

6)将元件封装布置在PCB上

在确定了PCB的结构和尺寸后,就可以将元件封装布置到PCB上。在放置元件封装时,应该尽可能将具有相互关系的元件靠近;数字电路和模拟电路应该分放在不同的区域;对发热的元件应该进行散热处理;敏感信号应该避免产生干扰或被干扰,比如时钟信号,引线要尽可能短,要靠近其连接的芯片。

7)确定PCB的设计布线规则

在PCB布线前,应该确定布线的规则,比如信号线之间的距离、走线宽度、信号线的拐角、走线的最长长度等规则的要求。

8)PCB布线

通常的做法是先对重要信号进行布线,其次为特殊元器件的布线,然后才是普通元器件的布线,最后对电源和地进行走线。

9)设计规则检查和调整PCB

在完成了布线后,还需要对布线后的PCB进行设计规则检查,看布线是否符合定义的设计规则的电气要求。根据检查的结果再调整PCB的走线。

10)时序和信号的完整性分析

一个优秀的PCB设计,其时序应该满足设计要求。为了检查信号的时序以及信号的完整性,需要对布线后的PCB进行时序和信号完整性分析。对于时序分析,通常对一个关键信号的时序和信号完整性进行分析,比如总线、时钟等信号。

11)PCB制造和装配

PCB制造是将设计完整表现在一块实际的PCB板上,包括所有的信号连线、封装及层等,然后就可以将芯片焊接装配到PCB上。

12)PCB产品测试

根据设计规范,对PCB进行现场测试,以便评估设计是否达到设计规范的要求。

以上是PCB设计的一般过程,在通常的设计中,可以遵循这个设计流程。同时,随着EDA软件的快速发展,虚拟的设计环境已经在软件平台中实现,它能有效地实现设计的仿真以及信号的虚拟分析,有助于设计的成功实现以及产品的快速开发,降低产品的开发成本。

(2)**PCB设计应遵循的原则**

PCB设计的好坏对电路板抗干扰能力影响很大。因此,在进行PCB设计时,必须遵循PCB设计的一般原则,并应符合抗干扰设计的要求。要使电子线路获得最佳性能,元件的布局及导线的布设是很重要的。为了设计出质量好、造价低的PCB,应遵循以下原则。

1)布局

布局就是将电路元器件放在印制板布线区内,布局是否合理不仅影响后面的布线工作,而且对整个电路板的性能也有重要作用。

①布局要求:首先要保证电路功能和性能指标,在此基础上满足工艺性、检测与维修方面

的要求，适当兼顾美观性，元器件排列整齐，疏密得当。

②布局原则：当板上对外连接确定后，相关电路部分应就近安放，避免走远路、绕弯子，尤其忌讳交叉穿插；按电路信号流向布局，避免输入输出、高低电平部分交叉；有利于发热元器件散热。

③布局顺序：先大后小，先安放占面积较大的元器件；先集成，后分立；先主后次，多块集成电路时先放置主电路。

④布局方法：将元器件和部件样品在 1∶1 的草图上排列，寻找最优布局；有时实物摆放不方便或没有实物，可按样本或有关资料制作主要元器件和部件的图样模板，用以代替实物进行布局，具体如下：

a. 尽可能缩短高频元器件之间的连线，设法减少它们的分布参数和相互间的电磁干扰。易受干扰的元器件不能相互挨得太近，输入和输出元器件应尽量远离。

b. 某些元器件或导线之间可能有较高的电位差，应加大它们之间的距离，以避免放电引起意外短路。带强电的元器件应尽量布置在调试时手不易触及的地方。

c. 质量超过 15 g 的元器件应当用支架加以固定，然后焊接。那些又大又重、发热量多的元器件不宜装在印制电路板上，而应装在整机的机箱底板上，且应考虑散热问题。热敏元件应远离发热元件。

d. 对于电位器、可调电感线圈、可变电容器、微动开关等可调元件的布局应考虑整机的结构要求。若是机内调节，应放在印制电路板上方便于调节的地方；若是机外调节，其位置要与调节旋钮在机箱面板上的位置相适应。

e. 应留出印制电路板的定位孔和固定支架所占用的位置。

f. 按照电路的流程来安排各个功能电路单元的位置，使布局便于信号流通，并使信号尽可能保持一致的方向。

g. 以每个功能电路的核心元器件为中心，围绕它来进行布局。元器件要均匀、整齐、紧凑地排列在 PCB 上，尽量减少和缩短各元器件之间的引线和连接。

2）布线应遵循的原则

布线的方法以及布线的结果对 PCB 的性能影响也很大，一般布线要遵循以下原则：

①输入和输出端的导线应尽量避免相邻平行。最好添加线间地线，以免发生反馈耦合。

②印制电路板导线的最小宽度主要由导线与绝缘基板间的黏附强度和流过它们的电流值决定。对于集成电路尤其是数字电路，通常选宽度为 0.2 ~ 0.3 mm 的导线。当然，只要允许，还是尽可能用较宽的线，特别是电源线和地线。

导线的最小间距主要由最坏情况下的线间绝缘电阻和击穿电压决定。对于集成电路尤其是数字电路，只要工况允许，可使间距小于 0.6 mm。

③印制电路板导线拐弯一般取圆弧形，而直角或夹角在高频电路中会影响电气性能。此外，尽量避免使用大面积铜箔，否则，长时间受热时易发生铜箔膨胀和脱落现象。必须用大面积铜箔时，最好用栅格状。这样有利于排除铜箔与基板间黏合剂受热产生的挥发性气体。

3)印制电路板电路的抗干扰措施

印制电路板的抗干扰设计与具体电路有着密切的关系,以下仅就 PCB 抗干扰设计的几项常用措施作一些说明。

①电源线设计:根据印制电路板电流的大小,尽量加粗电源线宽度,减少环路电阻;同时,使电源线、地线的走向和数据传递的方向一致,这样有助于增强抗噪声能力。

②地线设计:

a. 保证数字地与模拟地分开。若电路板上既有逻辑电路也有线性电路,应尽量使它们分开。低频电路的地线应尽量采用单点并联接地,实际布线有困难时可部分串联后再并联接地。高频电路宜采用多点串联接地,地线应短而粗,高频元件周围尽量用栅格状的大面积铜箔。

b. 接地线应尽量加粗。若接地线用很细的线条,则接地电位随电流的变化而变化,使抗噪声性能降低。因此,应将接地线加粗,使它能通过三倍于印制电路板上的允许电流。若有可能,接地线的宽度应在 3 mm 以上。

c. 接地线构成闭环路。只由数字电路组成的印制电路板,将其接地线构成闭环路能提高抗噪声能力。

4)去耦合电容配置

PCB 设计的常规做法之一是在印制电路板的各个关键部位配置适当的去耦电容。去耦电容的一般配置原则如下:

①电源输入端跨接 10 ~ 100 μF 的电解电容器,如有可能,接 100 μF 以上的更好。

②原则上每个集成电路芯片都应布置一个 0.01 μF 的瓷片电容,如 PCB 空隙不够,可每 4 ~ 8 个芯片布置一个 1 ~ 10 μF 的钽电容。

③对于抗噪能力弱、关断时电源变化大的元器件(如 RAM、ROM 存储元器件),应在芯片的电源线和地线之间接入去耦电容。

④电容引线不能太长,尤其是高频旁路电容不能有引线。此外,应注意以下两点:

a. 在 PCB 中有接触器、继电器、按钮等元器件,操作它们时均会产生较大火花放电,必须采用 RC 电路来吸收放电电流,一般 R 取 1 ~ 2 kΩ、C 取 2.2 ~ 43 μF。

b. CMOS 的输入阻抗很高且易受感应,对不使用的输入端口要接地或接正电源。

⑤各元器件之间的接线

首先按照原理图将各元器件位置初步确定下来,然后经过不断调整布局使其更加合理,最后需要对 PCB 中各元器件进行接线,元器件之间的接线安排方式如下:

a. PCB 中不允许有交叉电路,对于可能交叉的线条,可以用“钻”“绕”两种方法解决。让某引线从别的电阻、电容、晶体管脚下的空隙处“钻”过去,或从可能交叉的某条引线的一端“绕”过去。

b. 电阻、二极管、管状电容器等元器件有“立式”和“卧式”两种安装方式。立式指的是元器件体垂直于电路板安装、焊接,其优点是节省空间;卧式指的是元件体平行并紧贴于电路板安装、焊接,其优点是元器件安装的机械强度较好。这两种不同的安装元器件,PCB 上的元器件孔距是不一样的。

c. 同一级电路的接地点应尽量靠近，并且本级电路的电源滤波电容也应接在该级接地点上。特别是本级晶体管基极、发射极的接地不能离得太远，否则因两个接地间的铜箔太长会引起干扰与自激，采用这样“一点接地法”电路，工作较稳定，不易自激。

d. 总地线必须严格根据高频、中频、低频逐级按弱电到强电的顺序排列原则，切不可随便翻来覆去乱接，级间宁可接线长点，也要遵守这一规定。特别是变频头、再生头、调频头的接地线安排要求更为严格，若有不当，就会产生自激，以致无法工作。调频头等高频电路常采用大面积包围式地线，以保证有良好的屏蔽效果。

e. 强电流引线（公共地线、功放电源引线等）应尽可能宽些，以降低布线电阻及其电压降，可减小寄生耦合而产生的自激。

f. 阻抗高的走线尽量短，阻抗低的走线可长一些。因为阻抗高的走线容易发射和吸收信号，引起电路不稳定。电源线、地线、无反馈元器件的基极走线、发射极等均属低阻抗走线。

g. 电位器安放位置应当满足整机结构安装及面板布局的要求，应尽可能放在板的边缘，旋转柄向外。

h. 设计 PCB 图时，在使用 IC 插座的场合下，一定要特别注意 IC 插座上定位槽旋转的方位是否正确，并注意各个 IC 脚位置是否正确，例如第 1 脚下位于 IC 插座的右下角或者左上角，而且紧靠定位槽（从焊接面看）。

i. 在对进出接线端布置时，相关联的两引线端的距离不要太大，一般为 5 ~ 8 mm 较合适。进出接线端尽可能集中在 1 ~ 2 个板上，不要过于分散。

j. 在保证电路性能要求的前提下，设计时应力求合理走线，并按一定顺序要求走线，力求直观，便于安装和检修。

k. 设计应按一定顺序方向进行，例如可以按由左往右和由上而下的顺序进行。

总之，对于印刷电路板的设计，通常要从准确性、可靠性、工艺性和经济性等方面的因素进行考虑。

3.3.4 印制电路板图的绘制

印制电路板图（也称印制板线路图）是能够准确反映元器件在印制板上的位置与连接的设计图纸。图中焊盘的位置及间距、焊盘间的相互连接、印制导线的走向及形状、整板的外形尺寸等，均应按照印制板的实际尺寸（或按一定的比例）绘制出来。绘制印制电路板图是将印制板设计图形化的关键和主要的工作，设计过程中考虑的各种因素都要在图上体现出来。

目前，印制电路板图的绘制有两种方法：计算机辅助设计（CAD）与手工设计。手工设计比较费事，需要在纸上绘制不交叉单线图，而且往往要反复几次才能最后完成，但这对初学者掌握印制板设计原则还是很有帮助的，同时 CAD 软件的应用也仍然是这些设计原则的体现。

(1)手工设计印制电路板图

手工设计印制电路板图适用于一些简单电路的制作,设计过程一般有以下步骤:

1)绘制外形结构草图

印制电路板的外形结构草图包括两部分:对外连接草图和外形尺寸草图。无论采用何种设计方式,这一步骤都是不可省略的,这也是印制板设计前的准备工作的一部分。

①对外连接草图

根据整机结构和要求确定,一般包括电源线、地线、板外元器件的引线、板与板之间的连接线等,绘制时应大致确定其位置和方向。

②外形尺寸草图

印制板的外形尺寸受各种因素的制约,一般在设计时大致已确定,从经济性和工艺性出发,应优先考虑矩形。

印制板的安装、固定也是必须考虑的内容,印制板与机壳或其他结构件连接的螺孔位置及孔径应明确标出。此外,为了安装某些特殊元器件或插接定位用的孔、槽等几何形状的位置和尺寸也应标明。

对于某些简单的印制板,上述两种草图也可合为一种。

2)绘制不交叉单线图

电路原理图一般只表现出信号的流程及元器件在电路中的作用,以便于分析与阅读电路原理,不用去考虑元器件的尺寸、形状以及引出线的排列顺序。因此,在手工设计图绘制时,首先要绘制不交叉单线图。除了应该注意处理各类干扰并解决接地问题以外,不交叉单线图设计的主要原则是保证印制导线不交叉地连通。

①将原理图上应放置在板上的元器件根据信号流或排版方向依次画出,集成电路要画出封装管脚图。

②按原理图将各元器件引脚连接。在印制板上导线交叉是不允许的,为避免这一现象,一方面,要重新调整元器件的排列位置和方向;另一方面,可利用元器件中间跨接(如让某引线从别的元器件脚下的空隙处“钻”过去,或从可能交叉的某条引线的一端“绕”过去)以及利用飞线跨接这两种办法来解决。

好的单线不交叉图,元件排列整齐、连线简洁、飞线少且尽可能没有。要做到这一点,通常需多次调整元器件的位置和方向。

3)绘制排版草图

为了制作出制板用的底图(或黑白底片),应该绘制一张正式的草图。参照外形结构草图和不交叉单线图,要求板面尺寸、焊盘位置、印制导线的连接与走向、板上各孔的尺寸及位置都要与实际板面一致。

绘制时,最好在方格纸或坐标纸上进行。其具体步骤如下:

①标出板面的轮廓尺寸,边框的下面留出一定空间,用于说明技术要求。

②板面内四周留出需设置焊盘和导线的一定间距(一般为5~10 mm)。绘制印制板的定

位孔和板上各元器件的固定孔。

③确定元器件的排列方式,用铅笔画出元器件的外形轮廓。注意元器件的轮廓与实物对应,元器件的间距要均匀一致。这一步其实就是进行元器件的布局,可在遵循印制板元器件布局原则的基础上,采用以下的方法进行:

A. 实物法。将元器件和部件样品在板面上排列,寻求最佳布局。

B. 模板法。有时实物摆放不方便,可按样本或有关资料制作有关元器件和部件的图样样板,用以代替实物进行布局。

C. 经验对比法。根据经验参照可对比的已有印制电路来设计布局。

D. 确定并标出焊盘的位置。

E. 画印制导线。可不必按照实际宽度来画,只标明其走向和路径即可,但要考虑导线间的距离。

F. 核对无误后,重描焊盘及印制导线,描好后擦去元器件实物轮廓图,使手工设计图清晰明了。

G. 标明焊盘尺寸、导线宽度以及各项技术要求。

H. 对于双面印制板来说,还要考虑以下几点:

a. 手工设计图可在图的两面分别画出,也可用两种颜色在纸的同一面画出。无论用哪种方式画,都必须让两面的图形严格对应。

b. 元器件布置在板的一个面,主要印制导线布置在无元件的另一面,两面的印制线尽量避免平行布设,应当力求相互垂直,以便减少干扰。

c. 印制线最好分别画在图纸的两面,如果在同一面上绘制,应该使用两种颜色以示区别,并注明这两种颜色分别表示哪一面。

d. 两面对应的焊盘要严格地一一对应,可以用针在图纸上扎穿孔的方法,将一面的焊盘中心引到另一面。

e. 两面上需要彼此相连的印制线,在实际制板过程中采用金属化孔实现。

f. 在绘制元件面的导线时,注意避让元件外壳和屏蔽罩等可能产生短路的地方。

(2)计算机辅助设计印制电路板图

随着电子科技的蓬勃发展,新型元器件层出不穷,电子线路变得越来越复杂,电路的设计工作已经无法单纯依靠手工来完成,电子线路计算机辅助设计已经成为必然趋势,越来越多的设计人员使用快捷、高效的 CAD 设计软件来进行辅助电路原理图、印制电路板图的设计,打印各种报表。传统的手工设计印制电路板的方法已逐渐被 CAD 软件所代替。

采用 CAD 设计印制电路板的优点是十分显著的:设计精度和质量较高,利于生产自动化;设计时间缩短,劳动强度减轻;设计数据易于修改、保存,并可直接供生产、测试、质量控制用;可迅速对产品进行电路正确性检查以及性能分析。

印制电路板 CAD 软件很多,Protel99 和 Altium Designer 是目前较流行的两种。Protel99 是基于 Window 95/98 平台的电路设计、印制板设计专用软件,由澳大利亚 Protel 公司 20 世纪 90

年代在著名电路设计软件 Tango 的基础上发展而来，具有强大的功能、友好的界面、方便易学的操作性能等优点。一般而言，利用 Protel99 设计印制板最基本的过程可以分为三大步骤：

1）电路原理图的设计

利用 Protel99 的原理图设计系统（Advanced Schematic）所提供的各种原理图绘图工具以及编辑功能绘制电路原理图。

2）产生网络表

网络表是电路原理图设计与印制电路板设计之间的一座桥梁，它是电路板自动设计的灵魂。网络表可以从电路原理图中获得，也可从印制电路板中提取出来。

3）印制电路板的设计

借助 Protel99 提供的强大功能实现电路板的版面设计。

印制电路板图只是印制电路板制作工艺图中比较重要的一种，另外还有字符标记图、阻焊图、机械加工图等。当印制电路板图设计完成后，这些工艺图也可相应得以确定。

字符标记图因其制作方法也被称为丝印图，可双面印在印制板上，其比例和绘图方法与印制电路板图相同。阻焊图主要是为了适应自动化焊接而设计，由与印制板上全部的焊盘形状一一对应又略大于焊盘形状的图形构成。一般情况下，采用 CAD 软件设计印制电路板时，字符标记图和阻焊图都可以自动生成。

3.4　印制电路板的制造工艺

印制电路板的制作可分为工业制作和手工制作，工艺流程和产品质量有一定差异，但制作的原理即印制电路的形成方式是基本相同的。

3.4.1　制造工艺简介

印制电路的形成即在基板上实现所需的导电图形，它可以分为两种制作方法：减成法和加成法。

（1）减成法

减成法是目前生产印制电路板最普遍采用的方式，即先将基板上敷满铜箔，然后用化学或机械方式除去不需要的部分，最终留下印制电路。

①将设计好的印制板图形转移到覆铜板上，并将图形部分有效保护起来。图形的转移方式主要有：

A. 丝网漏印。用丝网漏印法在覆铜板上印制电路图形，与油印机在纸上印刷文字相类似。

B. 照相感光。它属光化学法之一，将照相底片或光绘片置于上胶烘干后的覆铜板上，一起置于光源下曝光，光线通过相版，使感光胶发生化学反应，引起胶膜理化性能的变化。

图形的转移方式另外还有胶印法、图形电镀蚀刻法等。

②去掉覆铜板上未被保护的其他部分。其方式如下：

A. 蚀刻。采用化学腐蚀办法减去不需要的铜箔，这是目前最主要的制造方法。

B. 雕刻。用机械加工方法除去不需要的铜箔，这在单件试制或业余条件下可快速制出印制板。

(2)**加成法**

加成法是在没有覆铜箔的绝缘基板上用某种方式(如化学沉铜)敷设所需的印制电路图形。敷设印制电路方法有丝印电镀法和粘贴法等。

3.4.2 生产工艺流程

印制板制造工艺技术在不断进步，不同条件、不同规模的制造厂采用的工艺技术不尽相同，当前的主流仍然是利用减成法(铜箔蚀刻法)制作印制板。实际生产中，专业工厂一般采用机械化和自动化制作印制板，要经过几十道工序。

(1)**单面印制板制作的工艺流程**

单面印制板制作的工艺流程相对比较简单，与双面印制板制作的主要区别在于不需要孔金属化。其工艺流程如下：

下料→丝网漏印→腐蚀→去除印料→孔加工→印标记→涂助焊剂→检验

(2)**双面印制板制作的工艺流程**

双面印制板的制作工艺流程如下：

制生产底片→选材下料→钻孔→清洗→孔金属化→贴膜→图形转换→金属涂覆→去膜蚀刻→热熔和热风整平→外表面处理→检验。

1)制作生产底片

将排版草图进行必要的处理，如焊盘的大小、印制导线的宽度等按实际尺寸绘制出来，就是一张可供制板用的生产底片(黑白底片)。工业上常通过照相、光绘等手段制作生产底片。

2)选材下料

按板图的形状、尺寸进行下料。

3)钻孔

将需钻孔位置输入微机，用数控机床来进行自动钻孔。

4)清洗

用化学方法清洗板面的油腻及化学层。

5)孔金属化

孔金属化即对连接两面导电图形的孔进行孔壁镀铜。孔金属化的实现主要经过化学沉铜、电镀铜加厚等一系列工艺过程，在表面安装高密度板中，这种金属化孔采用沉铜充满整个孔(盲孔)的方法。

6)贴膜

为了将照相底片或光绘片上的图形转印到覆铜板上,要先在覆铜板上贴一层感光胶膜。

7)图形转换

图形转换也称图形转移,即在覆铜板上制作印制电路图,常用丝网漏印法或直接感光法。

①丝网漏印法:它是在丝网上黏附一层漆膜或胶膜,然后按技术要求将印制电路图制成镂空图形,漏印是只需将覆铜板在底板上定位,将印制料倒在固定丝网的框内,用橡皮板刮压印料,使丝网与覆铜板直接接触,即可在覆铜板上形成由印料组成的图形,漏印后需烘干和修板。

②直接感光法:将照相底片或光绘片置于上胶烘干后的覆铜板上,一起置于光源下曝光,光线通过相版,使感光胶发生化学反应,引起胶膜理化性能的变化。

8)金属涂覆

金属涂覆属于印制板的外表面处理方法之一,即为了保护铜箔、增加可焊性和抗腐蚀抗氧化性,在铜箔上涂覆一层金属,其材料常用金、银和铅锡合金。涂覆方法有两种:电镀和化学镀。

①电镀:可使镀层致密、牢固、厚度均匀可控,但设备复杂、成本高。此法用于要求高的印制板和镀层,如插头部分镀金等。

②化学镀:虽然设备简单、操作方便、成本低,但镀层厚度有限且牢固性差,因而只适用于改善可焊性的表面涂覆,如板面铜箔图形镀银等。

9)去膜蚀刻

蚀刻俗称“烂板”,是用化学方法或电化学方法去除基材上的无用导电材料,从而形成印制图形的工艺。常用的蚀刻溶液为三氯化铁($FeCl_3$),它蚀刻速度快、质量好,溶铜量大,溶液稳定,价格低廉。常用的蚀刻方式有浸入式、泡沫式、泼溅式、喷淋式等。

10)热熔和热风整平

镀有铅锡合金的印制电路板一般要经过热熔和热风整平工艺。

①热熔过程是将镀覆有锡铅合金的印制电路板加热到锡铅合金的熔点温度以上,使锡铅和基体金属铜形成化合物,同时锡铅镀层变得致密、光亮、无针孔,从而提高镀层的抗腐蚀性和可焊性。

②热风整平技术的过程是在已涂覆阻焊剂的印制电路板浸过热风整平助熔剂后,再浸入熔融的焊料槽中,然后从两个风刀间通过,风刀里的热压缩空气将印制电路板板面和孔内的多余焊料吹掉,得到一个光亮、均匀、平滑的焊料涂覆层。

11)外表面处理

在密度高的印制电路板上,为使板面得到保护,确保焊接的准确性,在需要焊接的地方涂上助焊剂,不需要焊接的地方印上阻焊层,在需要标注的地方印上图形和字符。

12)检验

对于制作完成的印制电路板除了进行电路性能检验外,还要进行外形表面的检查。电路性能检验有导通性检验、绝缘性检验以及其他检验等。

(3)多层板制作的工艺流程

多层板是在双面板的基础上发展起来的,除了双面板制造工艺外,还有内层板的加工、层定位、层压、黏合等特殊工艺。目前多层板的生产多以4~6层为主,如计算机主板工控机CPU等。在巨型机领域内,有可达几十层的多层板。其工艺流程如图3.12和图3.13所示。

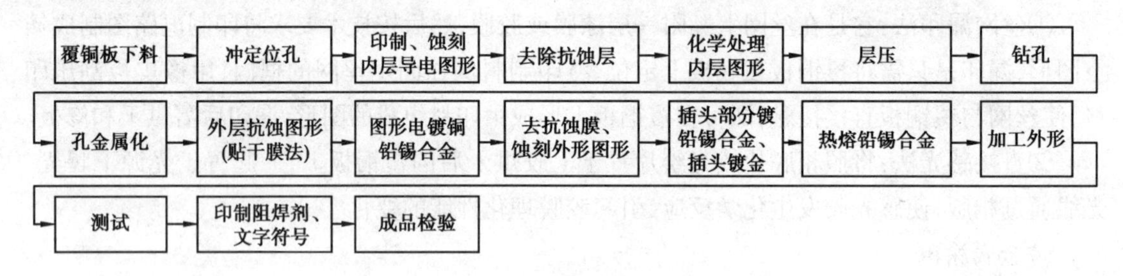

图3.12 多层板制作工艺流程(1)

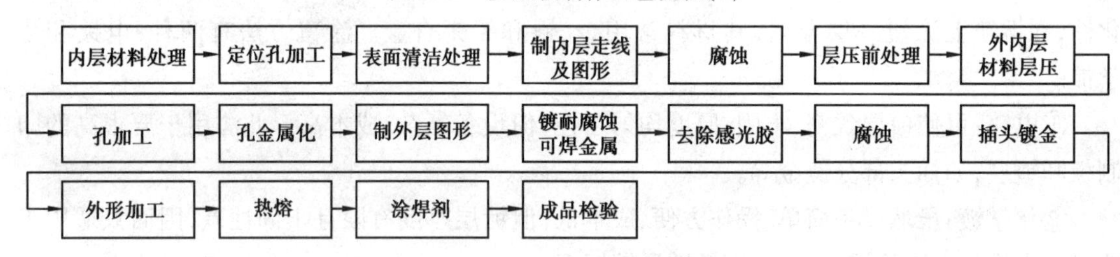

图3.13 多层板制作工艺流程(2)

3.4.3 印制电路板的检验

(1)检查外观

在合适光照情况下直接观察,印制板外观应无明显的缺陷;图形、标志符号清晰,无错印、漏印、移位,丝印应不接触、覆盖焊盘和定位孔;表面绝缘绿油层均匀涂抹,无针孔、导线表面裸露现象;插孔应清洁,无影响元件插入及可焊性的任何杂质;导线应无明显的针孔、边缘损伤之类的缺陷,导线间应无残留铜箔等微粒。

(2)一般检查

①印制板的外形、厚度、材料等符合图纸及有关技术文件要求。

②印制板导线应流畅,无裂缝或断开,导线的宽度及导线间的间距应与封样一致或与图纸相符。

③焊盘应无氧化、破孔,焊盘与导线连接处应无断裂,焊盘的大小应符合封样或图纸及技术文件的要求。焊孔大小及位置应与封样一致,或符合图纸及技术要求。

(3)绝缘电阻测试

电路板的绝缘电阻是印制电路板绝缘部件对外加直流电压所呈现出的一种电阻。在印制电路板上,测试既可以在同一层上的各条导线之间来进行,也可以在两个不同层之间来进行。选择两条或多条间距紧密、电气上绝缘的导线,先测量其间的绝缘电阻;再加速湿热一个周期

(将试样垂直放在试验箱的框架上,箱内相对湿度约为100%,温度为42~48 ℃,放置几小时到几天)后,置于室内条件下恢复约1 h,再测量它们之间的绝缘电阻。

(4)抗剥强度

按GB/T 4677—2002在标准大气条件下测量,在测试板上取一条长度不小于75 mm、宽度不小于0.8 mm的导线,将印制导线一端从基材上至少剥离10 mm,用夹子夹住整个宽度,以垂直于试样的均匀增加拉力,抗剥强度应不小于1.1 N/mm,测试印制导线不少于4条。

(5)拉脱强度

按GB/T 4677—2002检验,取直径为4 mm的非镀覆孔焊盘,孔径为1.3 mm,用一根直径为0.9~1.0 mm的金属丝放入孔内(金属丝至少伸出1.5 mm)两次重焊(热冲击)后冷却30 min,以50 N/s速率垂直于测试板的力拉金属丝,拉脱强度应不小于12.5 N/mm,焊盘取样不少于5处。

(6)焊盘的可焊性

可焊性是用来测量元器件焊接到印制电路板上时焊锡对印制图形的润湿能力,一般用润湿、半润湿、不润湿来表示。

1)润湿

焊料在导线和焊盘上可自由流动及扩展,形成黏附性连接。

2)半润湿

焊料先润湿焊盘的表面,然后由于润湿不佳而造成焊锡回缩,在基底金属上留下一薄层焊料。在焊盘表面一些不规则的地方,大部分焊料都形成了焊料球。

3)不润湿

焊料虽然在焊盘的表面上堆积,但未与焊盘表面形成黏附性连接。

(7)镀层附着力

取胶带并用手指将胶面压到被测镀层上(面积至少1 cm^2),排除全部空气,使接触面无气泡,放置10 s后用手加一个垂直黏结面的力从镀层上拉下胶带后,镀层除突沿部分之外,应无其他部分粘在胶带上。

(8)翘曲度

1)板扭

测试时将PCB放水平桌面上,压住其中三个板角,记录翘起最高点的PCB下沿高度H(下沿在PCB贴近桌面的那个面)。为了找到翘起最高点,有时候需要将板面翻转180°,有时候要换成其他三个点再按,直到找到最高点为止。板扭百分比 = $H/S \times 100\%$ 要求板曲百分比为0.75%以内,部分要求较低的PCB(无贴片器件焊盘的PCB板)可放宽到1.0%以内,如图3.14(a)所示。

2)板曲

测试时将PCB放水平桌面上,此时PCB四个角应该是同时着地的(否则参照板扭处理),用工具测量PCB下沿到桌面的最大高度D(下沿在PCB贴近桌面的那个面)。板曲百分比 =

D/L（L 指的是弓曲那个边的边长）要求板曲百分比为0.75%以内，部分要求较低的PCB（无贴片器件焊盘的PCB）可放宽到1.0%以内，如图3.14（b）所示。

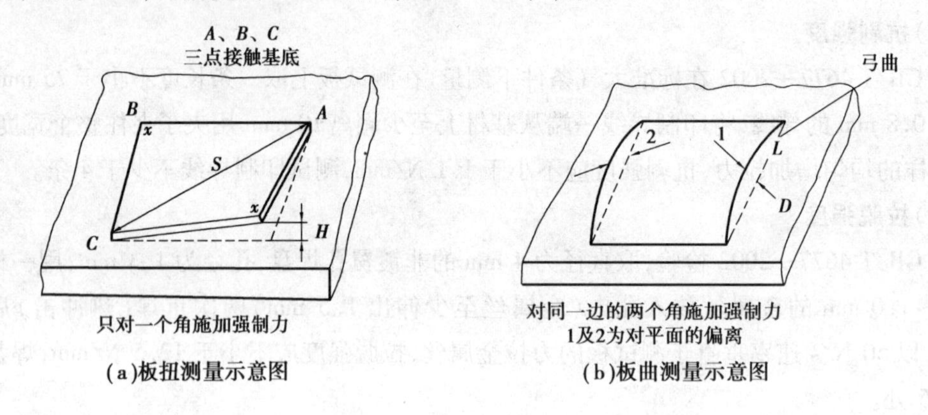

图3.14　翘曲度测试方法

3.5　实验室印制板制作

大批量PCB生产一般都由专业的印制板生产厂家制造，但是在产品研发、技术革新以及创新竞赛时，需要的印制板数量少，而且不能定型，这时就需要利用简单快速环保的实验室制作方法，实验室制作印制板方法有多种，常见的有雕刻法和热转印腐蚀法。雕刻法对设备要求较高，综合考虑成本、质量和工艺性，本书介绍热转印法。

3.5.1　热转印工艺

热转印制作印制板是减成法的一种，这种方式的基本原理是将有抗腐蚀的覆盖材料组成的电路图形通过热转印机转印到覆铜板上，没有覆盖的地方利用化学腐蚀的办法减去，最后得到只剩电路图的覆铜板。其工艺流程如图3.15所示。

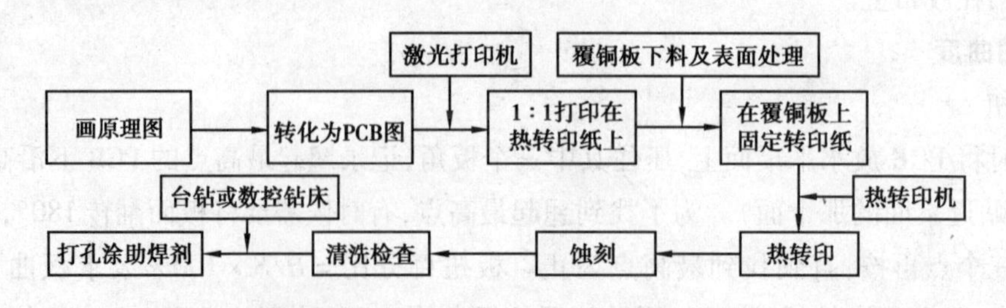

图3.15　热转印制作印制板工艺流程

3.5.2　热转印设备及耗材

热转印法制作印制板主要需用到热转印机、激光打印机、热转印纸（硫酸纸）、覆铜板、蚀刻机、腐蚀盒、台钻、高温胶带等设备和耗材，如图3.16所示。

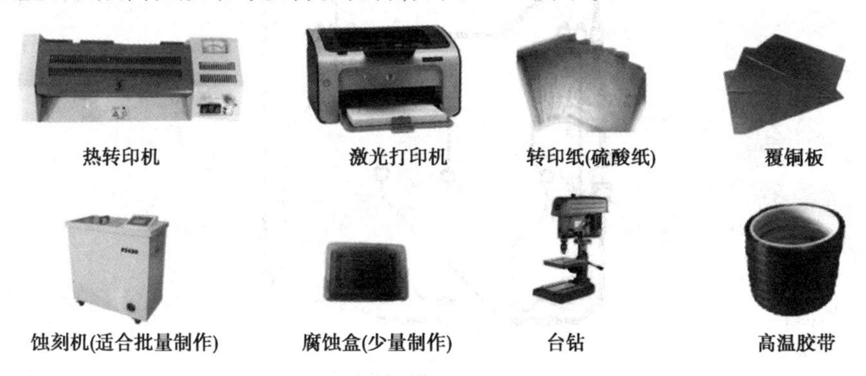

图3.16　热转印设备及耗材

3.5.3　热转印制板工艺流程

(1)PCB设计

PCB设计软件有很多，常见的有Protel99se、Altium Designer、PADS等。本书采用的是Altium Designer软件设计，所设计PCB如图3.17所示，只有合理的设计才能制作出合格的印制电路板。因为热转印属于手工制作，没有工业制作的精度高，所以在设计印制板时应注意以下几点：

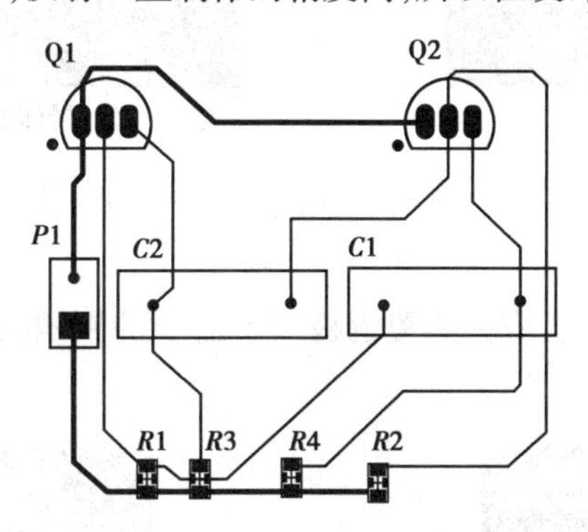

图3.17　PCB设计图

①只要条件允许，焊盘尽可能大，因为手工台钻精度差，容易破坏焊盘，如果用数控钻床，则不存在此问题。

②只要条件允许，线间距尽可能大，间距越大，短路可能性越小。

③尽量选择制作单面板，制作双面板很难保证两面准确对位。

(2)打印版图

印制板采用激光打印机打印，设置按1∶1比例打印在转印纸光滑的一面，打印后的效果如图3.18所示。

(3)图形转印

①将打印出来的图贴附到处理过的覆铜板铜箔面，并用高温胶带固定，防止转印时挤压错位。

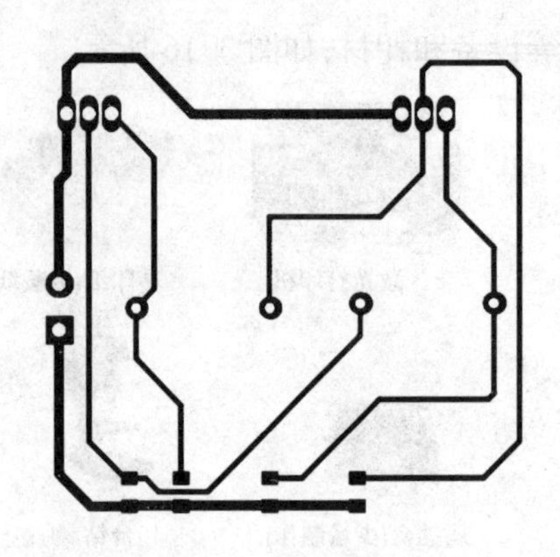

图 3.18　PCB 打印图

②将覆铜板放入转印机中，经过高温挤压，将转印纸上的图案转印至覆铜板上。

③撕下转印纸，检查电路图，用油性记号笔修补断线、砂眼，无缺陷后进入下一步腐蚀。

图形转印的操作方法如图 3.19 所示。

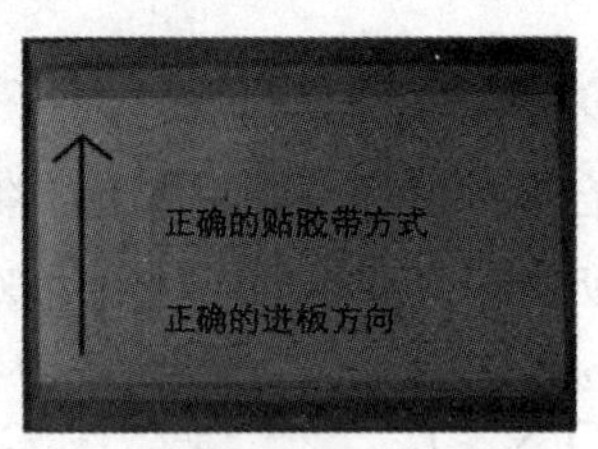

(a)固定转印纸

(b)转印机转印方法

图 3.19　图形转印操作方法

(4)**腐蚀**

腐蚀也称蚀刻，利用化学反应去除覆铜板上不需要的铜箔，留下需要的电路图形，腐蚀过程如图 3.20 所示。

(a)腐蚀中

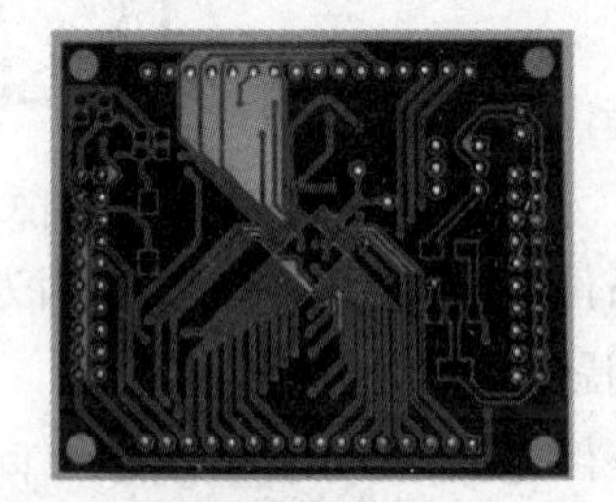

(b)腐蚀后

图 3.20　腐蚀过程图

1)腐蚀液

能将铜腐蚀掉的化学药品很多，常见的有两种：三氯化铁($FeCl_3$)和过硫酸钠($Na_2S_2O_8$)。但是，一般不用三氯化铁，因其对环境污染较大。

2)腐蚀速度

腐蚀速度与腐蚀液温度、浓度、铜箔面积、流动速度有关。

(5)**钻孔和清洗**

钻孔是一种机械操作，要遵循钳工操作要求，钻孔推荐使用微型高速小台钻，特别适合钻电路板，噪声低、速度快。钻孔时，应按图纸上孔的尺寸要求选择钻头并夹紧，钻头进给速度不要太快，以免焊盘及孔出现毛刺。

清洗碳粉应在钻孔之后，注意清洗碳粉时不要用钢丝球，这样会让铜皮脱落。

第 4 章

常用工具与仪器仪表

本章摘要:本章详细介绍电子实习所涉及的常用电工工具及各类测量与调试类仪器仪表,包括万用表、频谱仪、示波器、信号源等各类精密设备。展示各类电工工具和仪器仪表的外观图,介绍各类仪器设备的功能作用和面板信息,详细说明其使用方法、使用步骤以及使用注意事项。

知识点:

①了解并掌握常用电工工具的使用。

②了解并掌握指针式万用表和数字万用表的使用。

③了解电子实习所需要的常用的仪器设备,熟悉收音机等电子产品安装调试时所需设备的使用方法,所需的测量及调试设备的使用。

学习目标:

能熟练使用常用电工工具组装及拆卸电子产品,掌握并且能独自熟练操作各类测量及调试仪器仪表。

4.1 常用电工工具

电子实习提供的常用电工工具,包括螺丝刀、斜口钳、尖嘴钳等,用于电烙铁的维修和电子产品的安装及调试。每种工具的用途、使用方法等见表 4.1。

表4.1　常用电工工具

名　称	简　图	用途、使用方法及注意事项
一字形螺丝刀 十字形螺丝刀		一般用来固定螺丝，使用时应注意以下三点： ①不能使用金属杆直通柄顶的螺丝刀，否则容易造成触电事故 ②使用螺丝刀紧固和拆卸带电的螺丝钉时，手不得触及螺丝刀的金属杆，以免发生触电事故。紧固和拆卸螺丝时，如果螺丝未能旋转，应停止动作，以免损坏螺丝刀及螺丝 ③为了避免螺丝刀的金属杆触及皮肤或临近带电体，应在金属杆上穿套绝缘管
钢丝钳 （老虎钳）		钢丝钳用途很广，钳口用来绞弯和钳夹导线线头；齿口用来紧固或起松螺母；刀口用来剪切或剖削软导线绝缘层；侧口用来侧切电线线芯、钢丝或铅丝等较硬的金属丝 使用前，必须检查绝缘柄的绝缘性能是否良好，绝缘柄如果损坏，进行带电作业时会发生触电事故 剪切带电导线时，不得用刀口同时剪切相线和零线，或同时剪切两根相线，以免发生触电事故
尖嘴钳		带有刀口的尖嘴钳能剪断细小的金属线，在装接控制线路时，能将单股导线弯成所需的各种形状
斜口钳		用于剪断电子元器件引脚，用来剪断较粗的金属丝、线材及导线
剥线钳		用来剥落小直径导线绝缘层的专用工具，它的钳口部分设有几个刃口，用以剥落不同线径的导线绝缘层

续表

名　称	简　图	用途、使用方法及注意以下事项
电工刀		用来剖削电线线头、切割缺口等的专用工具。使用电工刀时应注意以下三点： ①避免伤手，不得传递未折进刀柄的电工刀 ②电工刀用完，随时将刀身折进刀柄 ③电工刀柄无绝缘保护时，不能用于带电作业，以免触电
镊子		用于电子元器件的夹取，防止人体静电损坏元器件；同时在铜片焊盘被氧化时，可用镊子轻轻刮去其表面氧化物
无感螺丝刀		无感螺丝刀主要用于调节电感、中周、磁性磁芯、可变电容等 无感螺丝刀是增强型超硬尼龙材质，不易磨损，高绝缘、无感、无磁 无感螺丝刀又称无感起子

4.2　常用仪器仪表

4.2.1　指针式万用表

万用表是万用电表的简称，是电子制作中必不可少的工具。万用表能测量电流、电压、电阻，测量三极管的放大倍数，以及测量频率、电容值、逻辑电位、分贝值等。目前万用表种类繁多，指针式和数字式的万用表是现在最为流行的，它们有各自的优点。对于电子初学者，建议使用指针式万用表，如图4.1所示。

图4.1　指针式万用表

(1)指针式万用表的基本原理

指针式万用表的基本原理是利用一只灵敏的磁电式直流电流表做表头，当微小电流通过表头，就会有电流指示。但表头不能通过大电流，因此，必须在表头上并联与串联一些电阻进行分流或降压，从而测出电路中的电流、电压和电阻。

1)测直流电流原理

在表头上并联一个适当的电阻进行分流,就可以扩展电流量程。改变分流电阻的阻值,就能改变电流测量范围,如图4.2(a)所示。

2)测直流电压原理

在表头上串联一个适当的电阻进行降压,就可以扩展电压量程。改变降压电阻的阻值,就能改变电压的测量范围,如图4.2(b)所示。

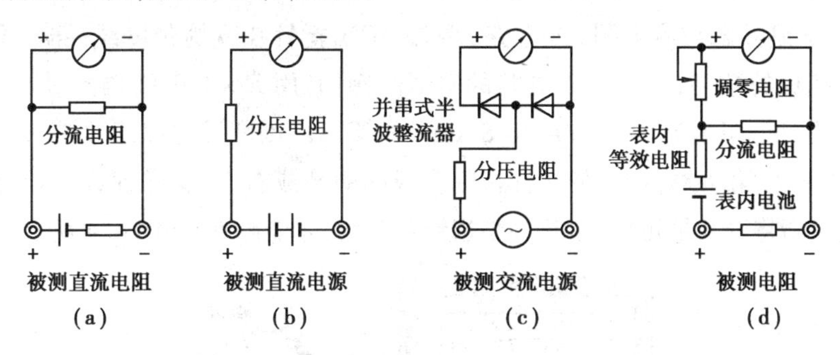

图4.2　指针式万用表原理

3)测交流电压原理

因为表头是直流表,所以测量交流时需加装一个并、串式半波整流电路,将交流进行整流变成直流后再通过表头,这样就可以根据直流电的大小来测量交流电压。扩展交流电压量程的方法与直流电压量程相似,如图4.2(c)所示。

4)测电阻原理

在表头上并联和串联适当的电阻,同时串接一节电池,使电流通过被测电阻,根据电流的大小,就可测量出电阻值。改变分流电阻的阻值,就能改变电阻的量程,如图4.2(d)所示。

(2)**指针式万用表的使用**

指针式万用表的表盘如图4.3所示,以105型为例。可以通过转换开关的旋钮来改变测量项目和测量量程,机械调零旋钮用来保持指针在静止处在左零位。调零旋钮"Ω"是用来测量电阻时使指针对准右零位,以保证测量数值准确。

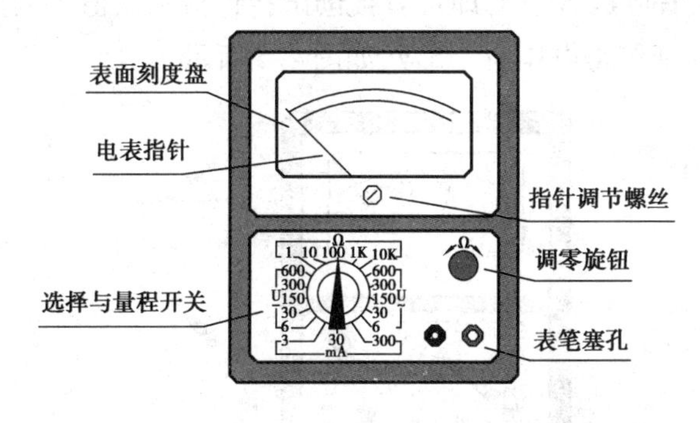

图4.3　指针式万用表表盘

105型指针式万用表测量范围如下:

直流电压:分 5 挡,0 ~ 6 V;0 ~ 30 V;0 ~ 150 V;0 ~ 300 V;0 ~ 600 V。

交流电压:分 5 挡,0 ~ 6 V;0 ~ 30 V;0 ~ 150 V;0 ~ 300 V;0 ~ 600 V。

直流电流:分 3 挡,0 ~ 3 mA;0 ~ 30 mA;0 ~ 300 mA。

电阻:分 5 挡,$R\times1\ \Omega$;$R\times10\ \Omega$;$R\times100\ \Omega$;$R\times1\ k\Omega$;$R\times10\ k\Omega$。

1)测量电阻

先将正负表笔搭接短路,使指针向右偏转,随即调整调零旋钮“Ω”,使指针恰好指到“0”;然后将两表笔分别接触被测电阻(或电路)两端,读出指针在欧姆刻度线(第一条线)上的读数,再乘以该挡标的数字,就是所测电阻的阻值。例如,用 $R\times100\ \Omega$ 挡测量电阻,指针指在“80”,则所测得的电阻值为 $80\times100\ \Omega=8\ k\Omega$。由于“Ω”刻度线左部读数较密,难以看准,因而测量时应选择适当的欧姆挡。使指针在刻度线的中部或右部,这样读数比较清楚准确。每次换挡,都应重新将两表笔短接,重新调整指针到零位,才能测准,如图 4.4 所示。

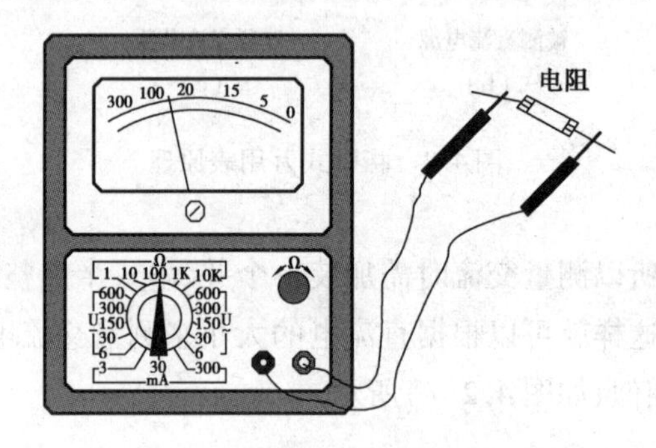

图 4.4　指针式万用表测电阻

2)测量直流电压

首先需要估计一下被测电压的大小,然后将转换开关拨至适当的 V 量程,并将正表笔接被测电压“ + ”端,负表笔接被测量电压“ - ”端;根据该挡量程数字与标直流符号“DC”刻度线(即第二条线)上的指针所指数字,读出被测电压值。如用 V300 挡测量,可以直接读 0 ~ 300 的指示数值。如用 V30 挡测量,只需将刻度线上“300”这个数字去掉一个“0”,看成是 30,再依次将 200、100 等数字看成是 20、10,即可直接读出指针指示数值。例如,用 V6 挡测量直流电压,指针指在“15”,则所测得电压为 1.5 V,如图 4.5 所示。

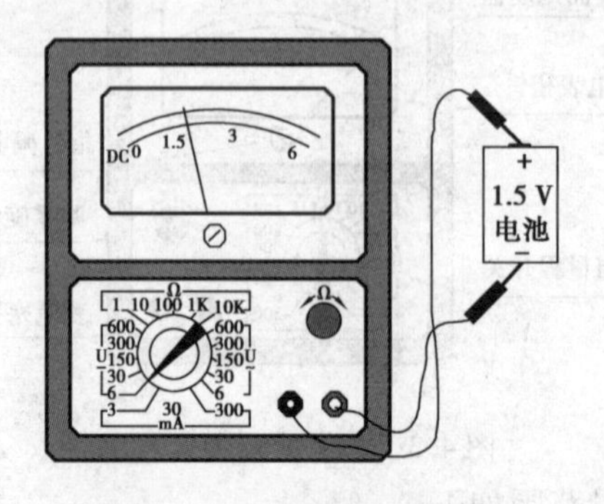

图 4.5　指针式万用表测电压

3）测量直流电流

首先需要估计一下被测电流的大小，然后将转换开关拨至合适的mA量程，再将万用表串接在电路中，如图4.6所示。观察标有直流符号“DC”的刻度线，如电流量程选在3 mA挡，这时，应将表面刻度线上“300”的数字，去掉两个“0”，看成3，又依次将200、100看成是2、1，这样就可以读出被测电流数值。例如，用直流3 mA挡测量直流电流，指针在“100”，则电流为1 mA。

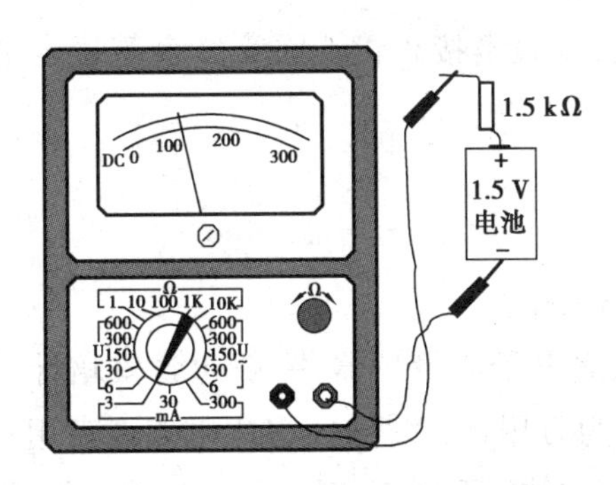

图4.6 指针式万用表测直流电流

4）测量交流电压

测交流电压的方法与测量直流电压相似，所不同的是因交流电没有正负之分，测量交流时表笔也就不需分正负。读数方法与上述的测量直流电压的读法一样，只是数字应看标有交流符号“AC”的刻度线上的指针位置。

（3）使用指针式万用表的注意事项

掌握万用表的使用方法和注意事项，小心使用万用表，使其经久耐用。要知道万用表是比较精密的仪器，如果使用不当，不仅造成测量不准确，而且极易损坏万用表。使用万用表时应注意以下事项：

①测量电流与电压不能旋错挡位。如果误将电阻挡或电流挡去测电压，就极易烧坏万用表。万用表不用时，最好将挡位旋至交流电压最高挡，避免因使用不当而损坏。

②测量直流电压和直流电流时，注意“+”“-”极性，不要接错。如果发现指针开反转，应立即调换表笔，以免损坏指针及表头。

③如果不知道被测电压或电流的大小，应先用最高挡，而后再选用合适的挡位来测试，以免表针偏转过度而损坏表头。所选用的挡位越靠近被测值，测量的数值就越准确。

④测量电阻时，不要用手触及元件的两端（或两表笔的金属部分），以免人体电阻与被测电阻并联，使测量结果不准确。

⑤测量电阻时，若将两表笔短接，调零旋钮“Ω”至最大，指针仍然达不到“0”点，这种现象通常是由于表内电池电压不足造成的，应换上新电池方能准确测量。

⑥万用表不用时，不要旋在电阻挡，因为内有电池，如果不小心易使两表笔相碰短路，不仅耗费电池，严重时甚至会损坏表头。

⑦万用表正表笔是红色的，负表笔是黑色的。测量电压时，将有一个旋钮转到测量交、直流挡就行了，这时候是不分交直流的。但选量程的时候，如果测的是交流，就到旋到交流的量程上，如果测的是直流就旋到直流的量程上。还得注意，不知道电压的时候，尽量选择大一点的量程，否则电压过高，会把指针损坏。

⑧测量电流时，注意选择是直流还是交流，然后确定量程即可。对于交流电，是不分正负极的。测电阻，更不必分正负极了。

⑨测电容红表笔接负极、黑表笔接正极。因为红表笔接内电源负极，黑表笔接内电源正极。

4.2.2 数字万用表

(1)数字万用表的使用与操作

数字万用表是一种多用途电子测量仪器，一般包含安培计、电压表、欧姆计等功能，有时也称为万用计、多用计、多用电表或三用电表，如图4.7所示。学会掌握并使用数字万用表，对电子产品的制作及检修有极大的帮助。万用表几种常用的测量，包括电阻的测量，直流、交流电压的测量，直流、交流电流的测量，二极管的测量，三极管的测量。

一个3位半的数字万用表，可以显示三个从“0”到“9”的全数字位和一个半位（只显示“1”或没有显示）。3位半的数字表可以达到“1 999”字的分辨率，4位半的数字表可以达到“19 999”字的分辨率。

图4.7 数字万用表

1)电阻的测量

①测量步骤

首先红表笔插入VΩ孔，黑表笔插入COM孔，量程旋钮打到“Ω”量程挡适当位置，分别用红、黑表笔接到电阻两端金属部分，读出显示屏上显示的数据。

②注意事项

当检查被测线路的阻抗时，要保证移开被测线路中的所有电源，所有电容放电。被测线路中，如果有电源和储能元件，会影响线路阻抗测试正确性。

2)直流电压的测量

①测量步骤

红表笔插入VΩ孔，黑表笔插入COM孔，量程旋钮打到“V－”或“V～”适当位置，读出显示屏上显示的数据。

②注意事项

a. 直流挡是“V－”，交流挡是“V～”）

b. 若在数值左边出现“－”符号，则表明表笔极性与实际电源极性相反，此时红表笔接的是负极。

3）交流电压的测量

①测量步骤

红表笔插入VΩ孔，黑表笔插入COM孔，量程旋钮打到“V－”或“V～”适当位置，读出显示屏上显示的数据。

②注意事项

a. 表笔插孔与直流电压的测量一样，不过应该将旋钮打到交流挡“V～”处所需的量程即可。

b. 交流电压无正负之分，测量方法跟前面相同。

c. 无论测交流还是直流电压，都要注意人身安全，不要随便用手触摸表笔的金属部分。

4）直流电流的测量

①测量步骤

断开电路，黑表笔插入COM端口，红表笔插入mA或者20 A端口，功能旋转开关打至“A～”或“A－”适当位置，并选择合适的量程，断开被测线路，将数字万用表串联入被测线路中，被测线路中电流从一端流入红表笔，经万用表黑表笔流出，再流入被测线路中，接通电路，读出LCD显示屏数字。

②注意事项

a. 估计电路中电流的大小，若测量大于200 mA的电流，则要将红表笔插入“10 A”插孔并将旋钮打到直流“10 A”挡；若测量小于200 mA的电流，则将红表笔插入“200 mA”插孔，将旋钮打到直流“200 mA”以内的合适量程。

b. 如果在数值左边出现“－”，则表明电流从黑表笔流进万用表，其余与交流注意事项大致相同。

5）交流电流的测量

①测量步骤

断开电路，黑表笔插入COM端口，红表笔插入mA或者20 A端口，功能旋转开关打至“A～”或“A－”适当位置并选择合适的量程，断开被测线路，将数字万用表串联入被测线路中，被测线路中电流从一端流入红表笔，经万用表黑表笔流出，再流入被测线路中，接通电路，读出LCD显示屏数字。

②注意事项

a. 测量方法与直流相同，不过挡位应该打到交流挡“A～”。

b. 电流测量完毕后应将红笔插回“VΩ”孔，若忘记这一步而直接测电压，则损坏万用表。

c. 表示最大输入电流为200 mA，过量的电流将烧坏保险丝，应再更换，20 A量程无保险丝保护，测量时不能超过15 s。

6）电容的测量

①测量步骤

将电容两端短接，对电容进行放电，确保数字万用表的安全。将功能旋转开关打至电容

“F”测量挡,并选择合适的量程,将电容插入万用表 CX 插孔,读出 LCD 显示屏上数字,如图 4.8所示。

图 4.8 电容的测量

②注意事项

a. 测量前电容需要放电,否则容易损坏万用表,测量后也要放电,避免埋下安全隐患。

b. 仪器本身已对电容挡设置了保护,故在电容测试过程中不用考虑极性及电容充放电等情况。

c. 测量电容时,将电容插入专用的电容测试座中(不要插入表笔插孔 COM、V/Ω)。

d. 测量大电容时,稳定读数需要一定的时间。

7)二极管的测量

①测量步骤

红表笔插入 VΩ 孔,黑表笔插入 COM 孔,转盘打在(—▷|—)挡,判断正负极,红表笔接二极管正极,黑表笔接二极管负极,读出 LCD 显示屏上数据,两表笔换位,若显示屏上为“1”,正常;否则此管被击穿,如图 4.9 所示。

图 4.9 二极管的测量

②注意事项

二极管正负极与好坏判断:红表笔插入 VΩ 孔,黑表笔插入 COM 孔,转盘打在(—▷|—)挡,然后对调两表笔再测一次,如果两次测量的结果是:一次显示“1”字样,另一

次显示零点几的数字,此二极管就是一个正常的二极管;如果两次显示都相同的话,此二极管已经损坏,LCD 上显示的一个数字即是二极管的正向压降,硅材料为 0.6 V 左右,锗材料为 0.2 V左右。根据二极管的特性,可以判断此时红表笔接的是二极管的正极,而黑表笔接的是二极管的负极。

8)三极管的测量

①测量步骤

红表笔插入 VΩ 孔,黑表笔插入 COM 孔,转盘打在(—▷|—)挡,找出三极管的基极 b,判断三极管的类型(PNP 或 NPN),旋钮打在 HFE 挡,根据类型插入 PNP 或 NPN 插孔测 β,读出显示屏中 β 值,如图 4.10 所示。

图 4.10　三极管的测量

②注意事项

a. 基极的判定:表笔插位同上,其原理同二极管。先假定 A 脚为基极,用黑表笔与该脚相接,红表笔与其他两脚分别接触;若两次读数均为 0.7 V 左右,然后再用红笔接 A 脚,黑笔分别接触其他两脚,若均显示“1”,则 A 脚为基极,否则需要重新测量,且此管为 PNP 管。

b. 集电极和发射极的判断:利用“HFE”挡来判断,先将挡位打到“HFE”挡,可以看到挡位旁有一排小插孔,分为 PNP 和 NPN 管的测量。前面已经判断出管型,将基极插入对应管型“b”孔,其余两脚分别插入“c”“e”孔,此时可以读取数值,再固定基极,其余两脚对调,比较两次读数,读数较大的管脚位置与表的面板“c”“e”相对应。

(2)**数字万用表使用注意事项**

值得注意的是,与指针式万用表一样,数字万用表同样有使用时需要注意的事项,以提高测量的精准性,延长其使用寿命。

①如果无法预先估计被测电压或电流的大小,则应先拨至最高量程挡测量一次,再视情况逐渐将量程减小到合适位置。测量完毕,应将量程开关拨到最高电压挡,并关闭电源。

②满量程时,仪表仅在最高位显示数字“1”,其他位均消失,这时应选择更高的量程。

③测量电压时,应将数字万用表与被测电路并联。测电流时应与被测电路串联,测直流量时不必考虑正负极性。

④当误用交流电压挡去测量直流电压或误用直流电压挡去测量交流电时,显示屏将显示“000”,或低位上的数字出现跳动。

⑤禁止在测量高电压(220 V 以上)或大电流(0.5 A 以上)时换量程,以防止产生电弧,烧毁开关触点。

⑥当万用表的电池电量即将耗尽时,液晶显示器左上角会有电池符号显示,此时电量不足,若仍进行测量,测量值会比实际值偏高。

4.2.3 频谱仪

频谱仪又称频谱分析仪,是一种较昂贵的测试测量仪器,主要用于射频和微波信号的频域分析,包括测量信号的功率、频率、失真等。更先进的频谱仪可以对射频和微波信号进行解调分析,也称为信号分析仪。

按照工作原理分,频谱有两种基本的类型:实时频谱仪和扫频调谐式频谱仪。实时频谱仪包括多通道滤波器(并联型)频谱仪和 FFT 频谱仪,扫频调谐式频谱仪包括扫描射频调谐型频谱仪和超外差式频谱仪。

不同型号的频谱仪,其面板上的旋钮、开关及布局不尽相同,在此以常见实用的 SA1000 系列频谱分析仪为例,面板信息见附录 1。其他类型的频谱仪,可以此作为参考,触类旁通去了解和掌握。

(1)一般使用方法

①连接设备,并仔细查看附录中该设备面板信息,将信号发生器的信号输出端连接到频谱分析 RF INPUT 50 Ω 射频输入端。

②参数设置:

a. 复位仪器,按“PRESET”键,此时仪器将所有参数恢复到出厂设置。

b. 设置中心频率,按“FREQ”键,“中心频率”软菜单处于高亮状态,在屏幕网格的左上方出现中心频率参数,表示中心频率功能被激活。使用数字键盘、旋钮或方向键,均可以改变中心频率值。按数字键,输入“1 GHz”,则频谱仪的中心频率设定为 1 GHz。

c. 设置扫宽,按“SPAN”键,“扫宽”软菜单处于高亮状态,在屏幕网格的左上方出现扫宽参数,表示扫宽功能被激活。使用数字键盘、旋钮或方向键,均可以改变扫宽值。按数字键,输入“5 MHz”,则频谱仪的扫宽设定为 5 MHz。上述步骤完成后,在频谱仪上可以观测到 1 GHz 的频谱曲线。

③使用光标测量频率和幅度,按“Marker”键→“频标”→1,激活 Marker1。按“Peak”键,光标将标记在信号最大峰值处,再按“频率→中心频率”,则被测频谱峰值点显示在屏幕的中间位置,并且光标的频率和幅度值将显示在屏幕网格右上角。

④读取测量结果:输入频率 1 GHz、幅度 -10 dBm 的信号,SA1000 系列频谱仪测量结果如图 4.11 所示。

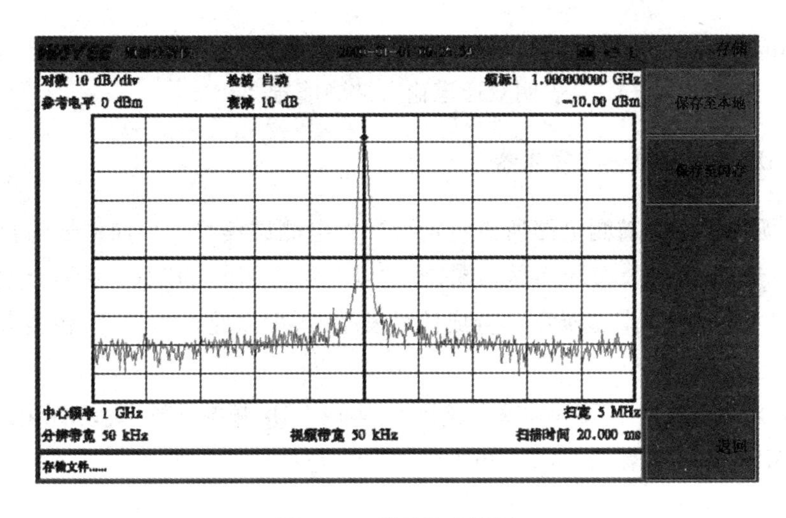

图4.11　测量信号视图

(2)**注意事项**

①输入信号幅度不得超过+30 dBm(1 W),以免损坏频谱分析仪。

②射频输入端口的最大直流输入电压为50 V,超过该电压会导致输入衰减器和输入混频器的毁坏。

4.2.4　通用计数器

通用计数器是利用数字电路技术数出给定时间内所通过的脉冲数并显示计数结果的数字化仪器。通用计数器是其他数字化仪器的基础。在它的输入通道接入各种模/数变换器,再利用相应的换能器便可制成各种数字化仪器。

通用计数器特点:测量精度高、量程宽、功能多、操作简单、测量速度快、直接显示数字,而且易于实现测量过程自动化。通用计数器按功能可分三类:①频率计数器,专门用于测量高频和微波频率的计数器;②计算计数器,具有计算功能的计数器,可进行数学运算,可用程序控制进行测量计算和显示等全部工作过程;③微波计数器,以通用计数器和频率计数器为主,配以测频扩展器而组成的微波频率计。

不同型号的通用计数器,其面板上的旋钮、开关及布局不尽相同,在此以常见实用的EE3386系列通用计数器为例,面板信息见附录2。其他类型的通用计数器,可以此作为参考,触类旁通去了解和掌握。

一般使用方法如下:

①连接设备,并仔细查看附录中该设备面板信息。

②频率测量:按下“FREQ”键,显示器上显示“FREQ”和“CHA”,选择“GATE”键,显示器显示“GATE”闪动,用左右键来选择所需闸门。

③周期测量:“PER”被按下后,显示器显示“PER”和“CHA”,将小于10 MHz的被测信号送入A输入口,测量同频率。

④时间间隔测量:选择“T1”键,根据测量的方式可选择COM,若显示“CHA”,表明单通道输入被测信号,若显示“CHAB”,表明双通道输入被测信号。

4.2.5 DDS合成标准信号发生器

合成信号源用于产生被测电路所需特定参数的电测试信号。不同型号的合成信号发生器,其面板上的旋钮、开关及布局不尽相同,在此以常见实用的EE1462系列合成信号发生器为例,面板信息见附录3。其他类型的合成信号发生器,可以此作为参考,触类旁通去了解和掌握。

该合成信号发生器,采用DDS频率合成技术,实现1 Hz频率分辨率,频率覆盖为100 kHz ~ 250/350/450 MHz,电平覆盖为 -127 dBm ~ +13 dBm。

一般使用方法如下:

①连接设备,并仔细查看附录中该设备面板信息。

②了解DDS合成标准信号发生器工作原理,整机方框图如图4.12所示。

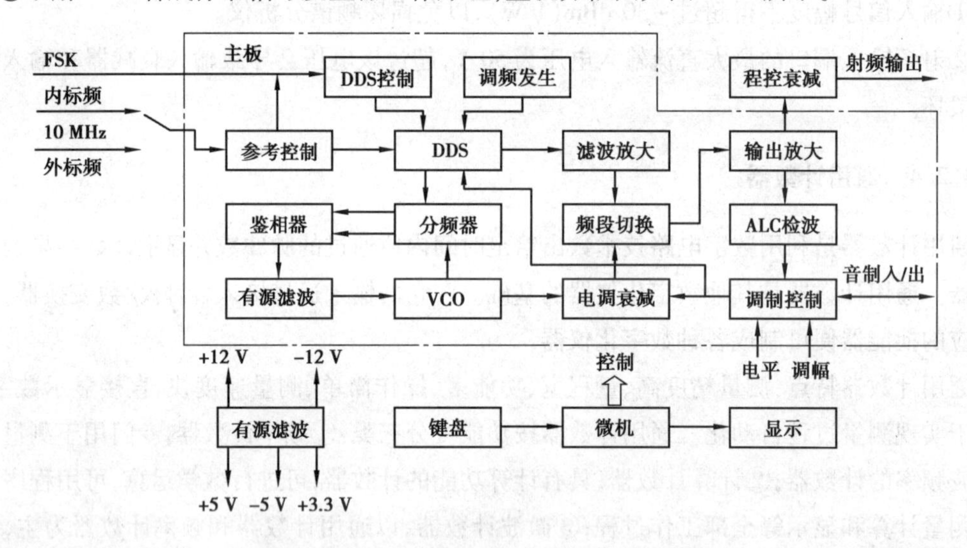

图4.12　DDS合成标准信号发生器工作原理

本仪器主要由主机单元,键盘单元组成。主机单元包含电源、显示、微机、参考控制、DDS、FM产生、PLL锁相环、输出放大、ALC检波等电路组成。电源提供整机所需 +5V、-5V、+3.3V、+12V、-12V五组电源;采用16位5×8液晶显示器,对内外频率进行自动切换,并提供调幅音频信号;低频段信号由DDS直接产生,高频段信号由PLL锁相环产生,参考信号由DDS提供;调频功能由DDS直接产生;高低频段信号通过切换合成100 kHz ~ 450 MHz的全频段信号,ALC环路完成电平、调幅设置功能;信号经输出放大器、120 dB程控衰减器完成需要的电平输出,电平覆盖 -127 ~ +13 dBm。

主要工作模式有:连续波、调频波、调幅波、FSK、PSK、步进扫频。

③仪器开机后,进入正常工作界面,此时仪器保持上次关机前的状态,但“射频关”和“步

进扫频”状态除外,因为每次开机时始终处于“射频开”和非“步进扫频”状态。显示屏显示当前操作的内容,如信号频率、幅度、调制方式、调制深度等,但每次只显示其中部分内容。

④按下调试键选择所需要的调制方式(AM或FM),并按下频率键改变其输出信号频率。

4.2.6　示波器

示波器是一种用途十分广泛的电子测量仪器。它能将肉眼看不见的电信号变换成看得见的图像,便于人们研究各种电现象的变化过程。示波器利用狭窄的、由高速电子组成的电子束,打在涂有荧光物质的屏面上,就可产生细小的光点(这是传统的模拟示波器的工作原理)。在被测信号的作用下,电子束就好像一支笔的笔尖,可以在屏面上描绘出被测信号的瞬时值的变化曲线。利用示波器能观察各种不同信号幅度随时间变化的波形曲线,还可以用它测试各种不同的电量,如电压、电流、频率、相位差、调幅度等。

数字示波器是数据采集、A/D转换、软件编程等一系列的技术制造出来的高性能示波器。数字示波器一般支持多级菜单,能提供给用户多种选择,多种分析功能。还有一些示波器可以提供存储,实现对波形的保存和处理。

不同型号的数字示波器,其面板上的旋钮、开关及布局不尽相同,在此以常见实用的SDS1000A系列数字示波器为例,面板信息见附录4。其他类型的数字示波器,可以此作为参考,触类旁通去了解和掌握。

(1)**一般使用方法**

①连接设备预热1 min,并仔细查看附录中该设备面板信息。

②将信号输出端接到示波器输入端口,按下“AUTO”自动键,显示波形,注意信号不能超过该示波器可测信号频率上限100 MHz。

③通过前面板旋钮可调节波形位置,同时可插入U盘导出图形。

④显示器显示的是实时信号波形,可按下“STOP”固定,如果信号改变,可再次按下“AUTO”自动键寻找新信号波形。

(2)**注意事项**

下面列举示波器在使用过程中可能出现的故障及排除方法:

1)如果按下电源键示波器仍黑屏,无任何显示

检查电源插头是否插好,检查电源开关是否故障,检查保险丝是否熔断,做完上述检查后,重新启动示波器。

2)采集信号后,画面中并未出现相应波形

检查探头是否正确连接在信号连接线上,检查信号连接线是否正确连接在BNC(通道连接器)上,检查探头是否与待测物正常连接,检查待测物是否有信号产生。

3)测量的电压幅值比实际值大或者小

检查通道衰减系数是否与探头实际使用的衰减比例相符。(注意:此种情况一般在使用探头时才出现)

4)按下"RUN STOP"键无任何显示

检查"TRIGGER"菜单中的触发方式是否为"正常"或"单次",且触发电平是否超出波形触发范围外。如果是,将触发电平居中或者将触发方式设置为"自动"。

5)波形显示呈阶梯状

①水平时基挡位可能过低,增大水平时基,以提高水平分辨率,可以改善显示。

②若显示类型为矢量,采样点间以直线连接,可能造成波形阶梯状显示。将显示类型设置为"点"显示方式,即可解决。

6)U 盘设备不能被识别

检查 U 盘设备是否可以正常工作,确认使用的为"Flash"型 U 盘设备,确认使用的 U 盘设备容量是否过大,本仪器不支持硬盘型 U 盘设备,推荐使用不超过 4 GB 的 U 盘。

4.2.7 函数/任意波形发生器

波形发生器是可数字调频调幅的数字信号发生器。在调试硬件时,需要加入一些信号,以观察电路工作是否正常。用一般的信号发生器,不但笨重,而且只发一些简单的波形,不能满足需要。

不同型号的数字示波器,其面板上的旋钮、开关及布局不尽相同,在此以常见实用的 SDG1062 系列函数/任意波形发生器为例,面板信息见附录 5。其他类型的函数/任意波形发生器,可以此作为参考,触类旁通去了解和掌握。

一般使用方法如下:

①连接设备并预热 1 min,并仔细查看附录中该设备面板信息。

②将函数/任意波形发生器信号输出端接到所需装置的信号输入端。

③按下"Waveforms"键选择所需要产生的信号波形,如正弦波、矩形波、三角波等。

④按下"FREQ"和"VPP"去改变该信号的频率和幅值,同时可调节前面板旋钮去改变该信号占空比。

第5章 焊接工艺

本章摘要：电子焊接技术是电子工艺学中非常重要的内容，在电子产品生产中应用广泛，是电子产品装配中一项重要的技能，焊接质量的好坏将直接影响电子产品的质量。本章介绍焊接基础知识、手工焊接技术、表面贴装技术以及其他现代电子产品的焊接技术，手工焊接的工具和材料、手工焊接的方法步骤和注意事项，以及标准焊点的评判和缺陷焊点的分析。

知识点：

①了解焊接基础知识，掌握手工焊接工具、材料和使用方法。

②熟练掌握手工焊接技术，了解表面贴装技术以及其他现代电子产品的焊接技术。

学习目标：

掌握内热式电烙铁原理并能对其拆卸、组装和检修，能熟练使用烙铁焊接出标准焊点，了解现代电子产品的焊接技术。

5.1 焊接基础知识

焊接是一种以加热、高温或者高压的方式结合金属或其他热塑性材料（如塑料）的制造工艺及技术。通常焊接技术分为熔焊、压焊和钎焊。

熔焊是指加热欲接合之工件使其局部熔化形成熔池，熔池冷却凝固后便结合，必要时可加入熔填物辅助，它适合各种金属和合金的焊接加工，不需压力。压焊是指焊接过程必须对焊件施加压力，属于各种金属材料和部分金属材料的加工。钎焊是指采用比母材熔点低的金属材料做钎料，利用液态钎料润湿母材，填充接头间隙，并与母材互相扩散实现连接焊件，适合于各种材料的焊接加工，也适合于不同金属或异类材料的焊接加工。

在电子装配中主要使用的是钎焊。根据使用焊料的不同，可分为硬钎焊和软钎焊。焊料的熔点高于450 ℃为硬钎焊，熔点低于450 ℃为软钎焊。锡焊属于软钎焊，它的焊料是铅锡合金，熔点比较低。共晶焊锡的熔点只有 180 ℃,因而在电子元器件的焊接工艺中得到广泛应用。

电子产品的焊接选用锡基焊料,因为锡基焊料能将电子元器件和电子线路之间稳固连接。以下介绍锡基焊料和有关锡焊的基础知识。

(1)锡的亲和性

锡铅焊料使用历史已有上千年,即使在无铅焊接中仍然离不开锡,锡之所以能作为焊料是因为锡在元素周期表中的第五周期第四族元素,金属活性呈中性,熔点低,只有 234 ℃。同时,锡具有良好的亲和性,很多金属都能溶解在锡基焊料中,并能与锡结合成金属间化合物。从图 5.1 可以看出,金、银、铜、镍都能溶于焊料中,随着温度的升高溶解度增大,而这些金属又都是电子元器件常用的结构材料。

此外,锡还具有性能稳定、存储量大等诸多优点,这些决定了它是最佳的焊锡材料,并一直沿用至今。

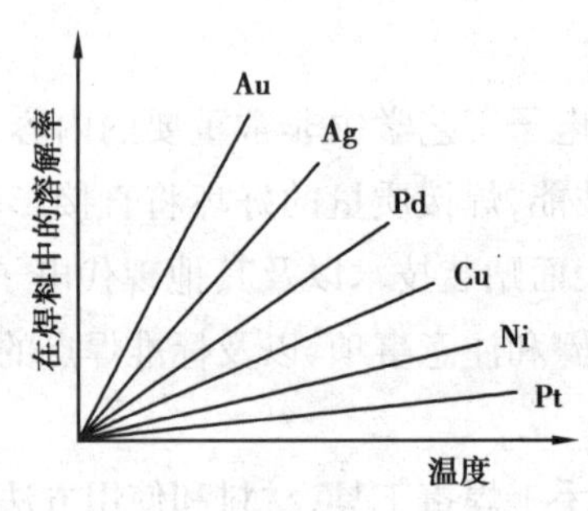

图 5.1 不同金属在锡中的溶解度

(2)焊点的形成过程

焊接是依靠液态焊料填满母材的间隙并与之形成金属结合的一种过程。例如,波峰焊是利用熔融焊料循环流动的波峰面与插装有元器件的 PCB 焊接面相接触,使之完成焊接的过程;再流焊则是将焊锡膏事先放置在元器件与 PCB 焊盘之间,加热后通过焊锡膏的熔化从而将元器件与 PCB 连接起来,如图 5.2 所示。

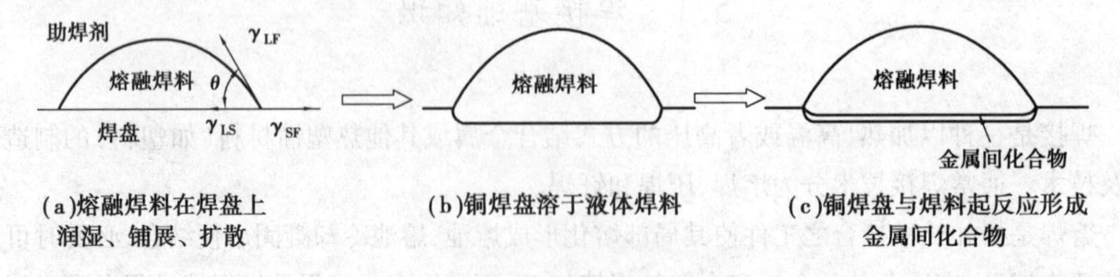

图 5.2 焊接过程

上述例子说明,焊接包括两个过程:一个是焊料在被焊金属表面铺展并填满焊缝的过程,另一个是焊料同被焊金属之间发生相互作用。因此,要得到一个优质的焊点,首先必须在液态焊料充分地填满全部焊缝间隙,这只有在与母材之间有良好相互作用的条件下才能获得。正是由于合金层的形成,才保证了焊点的电气接触性能和良好的附着力,形成合金后,被焊金属不再恢复到润湿前的那种形状。

(3)**润湿与润湿角 θ**

润湿就是熔融焊料在被焊金属表面上形成均匀、平滑、连续的过程,没有润湿就不可能焊接。影响润湿的三大因数:焊料与母材的原子半径和晶格类型、温度和助焊剂。焊料与母材之间的润湿程度取决于两者之间的清洁程度,但它很难量化,润湿的程度常用焊料与母材之间的润湿角 θ 的大小来评估,如图5.3所示。

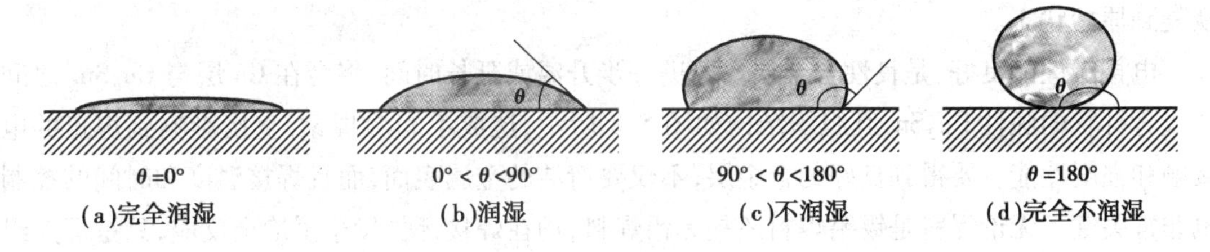

图5.3 润湿效果

(4)**表面张力与毛细现象**

焊料、焊盘和阻焊剂之间存在着界面,界面分子受两物质内部分子的吸引力存在差异,这个差值就表现为表面张力。

在焊接过程中焊料的表面张力同焊料与被焊金属之间的润湿力方向相反,它是不利于焊接的一个重要因素。但表面张力是物质的特性,只能改变它而不能消除它,它与所处的温度压力、组成以及接触物质性质有密切相关。实践中通常靠升高温度、增加合金元素(加 Pb)、增加活性剂、改善介质环境(N_2)等几种方法来降低焊料的表面张力,以提高焊料的润湿力。

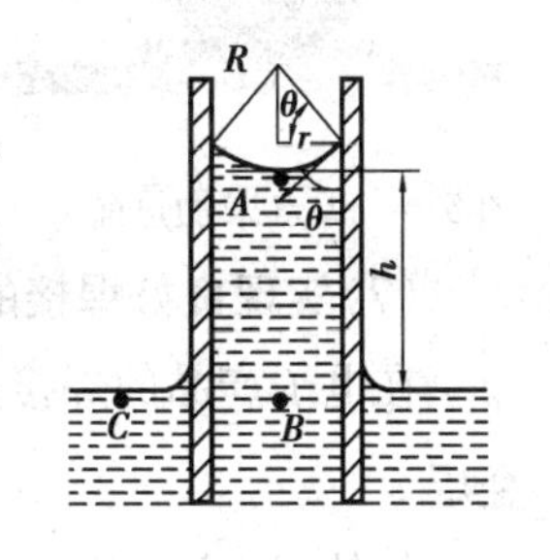

图5.4 毛细现象

当将细管插入液体中时,液体若能润湿细管,液面将呈凹面,如图5.4所示,其本质是进入毛细管中液体表面张力的作用而产生的。毛细现象在焊接中起到重要的作用,例如,在通孔焊接中,焊料通过毛细现象穿过金属化孔上升到元件引脚根部;在回流焊中,元件端与焊盘之间构成毛细现象,有利于焊锡膏的润湿铺展。

(5)**扩散现象**

用焊料焊接母材时,伴随润湿的出现,熔化的焊料与被焊金属之间发生相互作用。从微观上讲,由于温度的升高,金属原子在晶格点阵中呈现振动状态,金属原子会从一个晶格点阵移动到其他晶格点阵中去,称这种现象为扩散。扩散通常有四种类型:表面扩散、晶内扩散、晶界扩散和选择扩散。扩散是形成金属间化合物的前提,只有原子互相渗透到对方晶格内才能形成化合层,才能牢固结合,如图5.5所示。

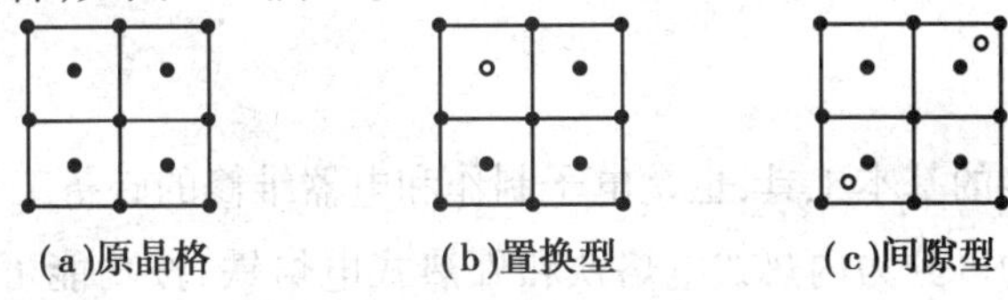

图5.5 原子晶格点阵扩散示意图

(6)焊锡部位的冶金反应与金属间化合物

在不加热的情况下,元件与焊盘永远处于分离状态如图5.6所示。当加热到焊料熔点以上,加入适当的助焊剂后,焊料开始熔化,冷却后将元件与PCB紧紧焊牢,如图5.7所示。在结合部位Sn与Cu生成了金属间化合物层IMC(Intermetallic Compound),通常是Cu_6Sn_5,反应式为$5Sn+6Cu=Cu_6Sn_5$。正是由于IMC的存在才能将元件与PCB焊牢,所生成的IMC不能恢复到原始状态。

电接触性能良好,是良性合金层。若进一步升温或延长时间,将会在Cu层与Cu_6Sn_5之间生成骨针状的脆性Cu_3Sn,其组织结构如图5.8所示,造成不润湿现象,直接影响到焊点的电接触和强度性能。要得到良好的合金层,不仅要清洁的金属表面,而且焊接温度和时间的控制也非常关键。无论焊料是锡铅焊料还是无铅焊料,均在焊接部位发生了冶金反应,只是焊点组成不同而已。

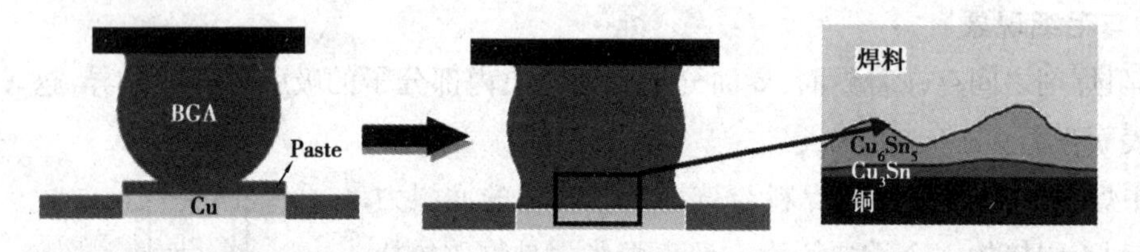

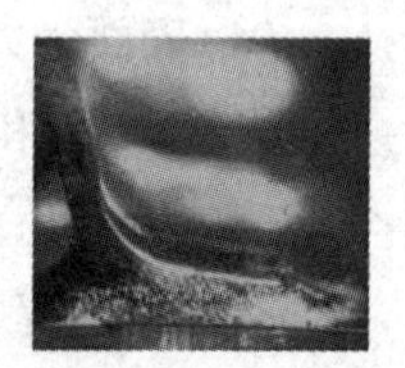

图5.6　焊点未加热前　　图5.7　形成的焊点　　图5.8　界面的组织结构　　图5.9　良好的焊点

(7)实现良好焊接的条件

在电子产品的焊接过程中,其本质是焊料中的锡与元件引脚及焊盘中的铜形成Cu_6Sn_5合金层。

从外观上讲,焊锡的过程是焊料在铜焊盘上的铺展,润湿扩散并形成IMC的过程。从微观上讲,则是一个复杂的过程,参与过程的要素有元器件、PCB焊盘、阻焊剂、温度和时间。其过程中涉及物理学(扩散、润湿、润湿角、毛细现象),化学(助焊剂、表面张力、元素),冶金学(合金层、相图),材料学等多个学科。

要得到优良的焊点,除了元件与焊盘必须有可焊性外,锡基焊料的组分、助焊剂的质量、适合的焊接温度和时间等也与之直接相关,如图5.9所示。

5.2 手工焊接工具及材料

5.2.1 焊接工具

电烙铁是手工焊接的基本工具,也是电子制作和电器维修的必备工具,主要用途是焊接元件及导线。按机械结构可分为内热式电烙铁和外热式电烙铁,按功能可分为无吸锡电烙铁和吸锡式电烙铁,根据用途不同又分为大功率电烙铁和小功率电烙铁。

（1）**电烙铁分类**

1）内热式电烙铁

内热式电烙铁由手柄、连接杆、弹簧夹、烙铁芯、烙铁头等部分组成。由于烙铁芯安装在烙铁头里面，因而发热快，热利用率高，故称为内热式电烙铁，如图5.10所示。

内热式电烙铁的常用规格为20 W、50 W等几种。由于它的热效率高，20 W内热式电烙铁就相当于40 W左右的外热式电烙铁，同样功率的烙铁内热式体积、质量都小于外热式。

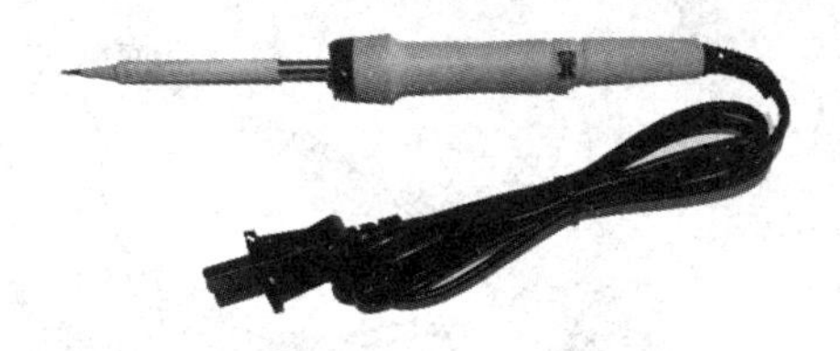

图5.10　内热式电烙铁

2）外热式电烙铁

外热式电烙铁由烙铁头、烙铁芯、外壳、木柄、电源引线、插头等部分组成。由于烙铁头安装在烙铁芯里面，故称为外热式电烙铁，如图5.11所示。

烙铁芯是电烙铁的关键部件，它是将电热丝平行地绕制在一根空心瓷管上构成，中间的云母片绝缘，并引出两根导线与220 V交流电源连接。外热式电烙铁的规格很多，常用的有25、45、75、100 W等，功率越大，烙铁头的温度也就越高。

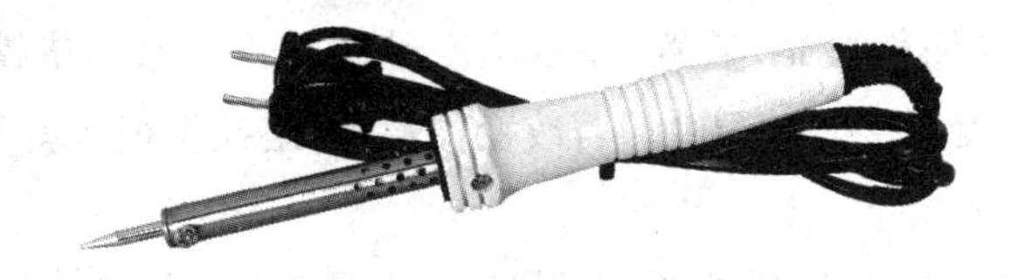

图5.11　外热式电烙铁

内、外热式电烙铁的结构如图5.12所示。从结构图中可以清晰地看出内热式电烙铁和外热式电烙铁的区别。

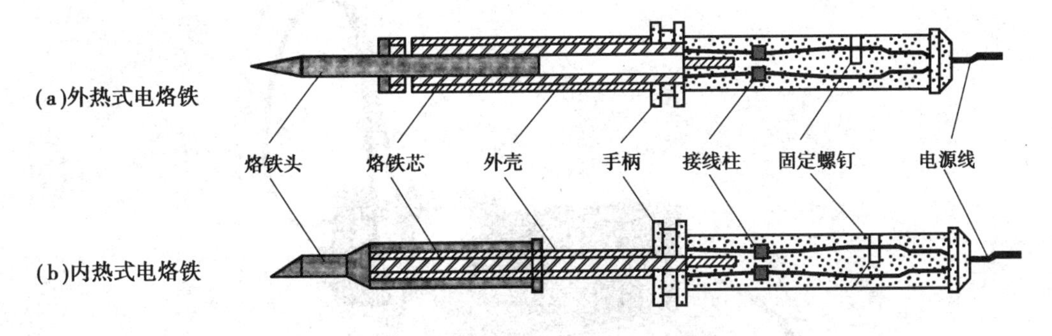

图5.12　内、外热式电烙铁结构对比

3）恒温式电烙铁

恒温式电烙铁头内装有带磁铁式的温度控制器，控制通电时间而实现温控。电烙铁通电时，烙铁的温度上升，当达到预定的温度时，因强磁体传感器达到了居里点而磁性消失，从而使磁芯触点断开，这时便停止向电烙铁供电；当温度低于强磁体传感器的居里点时，强磁体便恢复磁性，并吸动磁芯开关中的永久磁铁，使控制开关的触点接通，继续向电烙铁供电，如此循环往复，便达到了控制温度的目的，如图 5.13 所示。

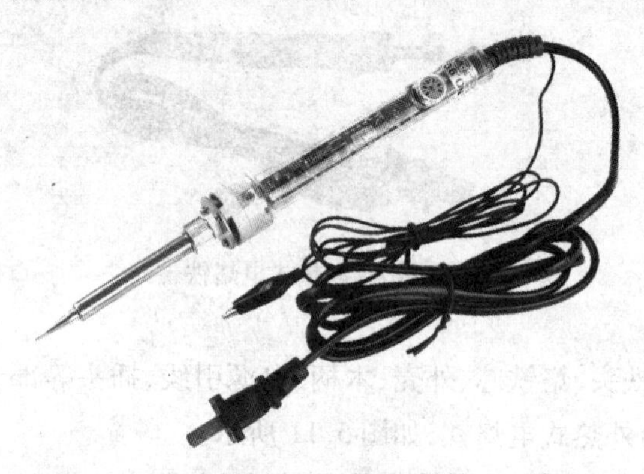

图 5.13　恒温式电烙铁

恒温式电烙铁的种类较多，烙铁芯一般采用 PTC 元件。此类型的烙铁头不仅能恒温，而且可以防静电感应电，能直接焊 CMOS 器件。高档的恒温式电烙铁，其附加的控制装置上带有烙铁头温度的数字显示（简称数显）装置，显示温度最高达 400 ℃。烙铁头带有温度传感器，在控制器上可由人工改变焊接时的温度。若改变恒温点，烙铁头很快就可达到新的设置温度。

4）调温式电烙铁

调温式电烙铁附有一个功率控制器，使用时可以改变供电的输入功率，可调温度范围为 100～400 ℃。调温式电烙铁的最大功率是 60 W，配用的烙铁头为铜镀铁烙铁头（俗称长寿头），如图 5.14 所示。

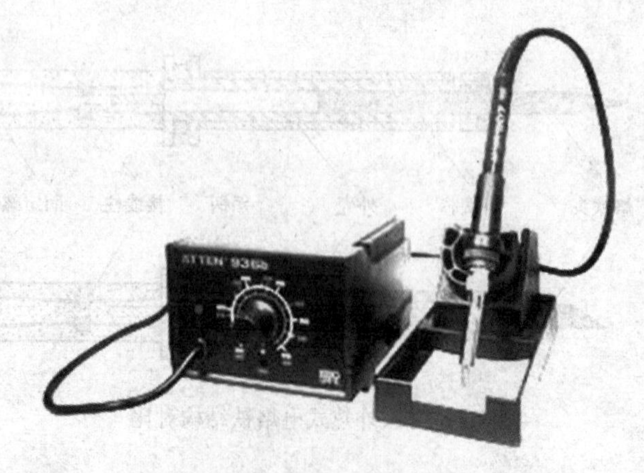

图 5.14　调温式电烙铁

5)吸锡式电烙铁

吸锡式电烙铁是将活塞式吸锡器与电烙铁融为一体的拆焊工具。它具有使用方便、灵活、适用范围宽等特点。这种吸锡电烙铁的不足之处是每次只能对一个焊点进行拆焊。吸锡式电烙铁自带电源,适合于拆卸整个集成电路且速度要求不高的场合。其吸锡嘴、发热管、密封圈所用的材料,决定了烙铁头的耐用性,如图5.15所示。

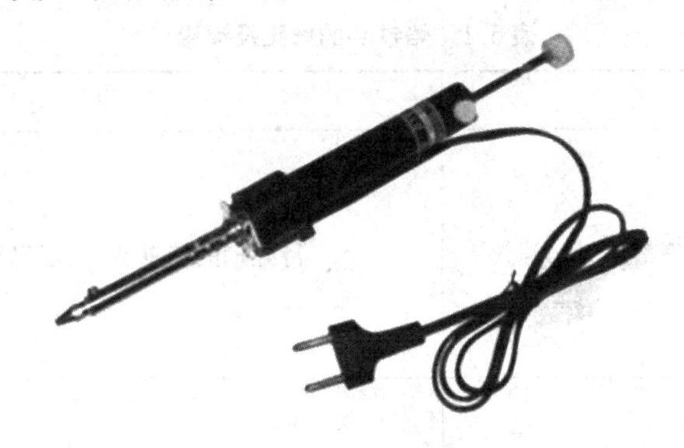

图5.15　吸锡式电烙铁

5.2.2　烙铁头的形状与修整

(1)烙铁头形状

为了保证可靠而方便地焊接,必须合理选用烙铁头的形状与尺寸,几种常用烙铁头的外形如图5.16所示。

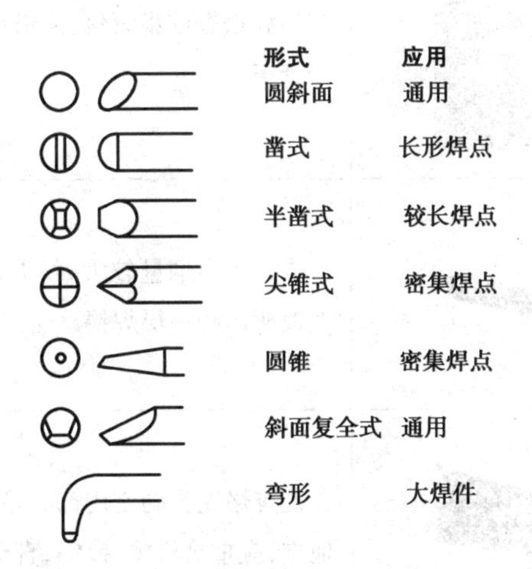

图5.16　常用烙铁头外形

烙铁头尖端的接触面积应小于焊盘面积,烙铁头接触面积过大,会使过量的热量传导给焊接部件,损坏元器件及印制电路板。一般来说,电烙铁头越长、越尖,温度越低,需要焊接时间越长。因此,每个操作者可根据自己的习惯选用合适的电烙铁。

(2)烙铁头的修整及镀锡

一般选用内热式电烙铁,采用圆斜面烙铁头。内热式烙铁头都是可以换的,可将这些烙铁头用锉刀磨成所需的形状。

新烙铁不能直接使用,必须先去掉烙铁头表面的绝缘保护层,再镀上一层焊锡后才能使用。旧的烙铁头如果严重氧化而发黑、表面凹凸不平,需将电烙铁预热后用锉刀沿着烙铁头45°角挫去表层氧化物,使其露出金属光泽后,并呈45°角的平整圆斜面,然后重新镀锡,使电烙铁圆斜面呈银白色,才能使用。其处理方法和步骤见表5.1。

表5.1　烙铁头的修正及镀锡

步骤	图　示	方　法
①		待处理的烙铁头,表面已被氧化而发黑
②		通电前,用锉刀或砂布打磨烙铁头,将其氧化层除去,露出平整光滑的铜表面
③	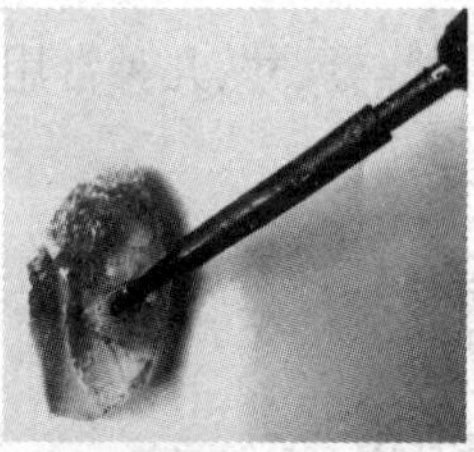	通电后,将打磨好的烙铁头紧压在松香上,随着烙铁头的加温松香逐步熔化,使烙铁头被打磨好的部分完全浸在松香中
④		待松香出烟量较大时,取出烙铁头,与焊锡丝在烙铁头上镀薄薄的一层焊锡
⑤		检查烙铁头的使用部分是否全部镀上焊锡,如有未镀的地方,应重涂松香、镀锡,直至镀好为止

(3)**电烙铁的拆装**

拆卸电烙铁时,首先拧松手柄上的紧固螺钉,旋下手柄,然后拆下电源线和烙铁芯,最后拨下烙铁头,见表5.2。

表5.2　电烙铁的拆卸步骤

步　骤	图　示	方　法
①	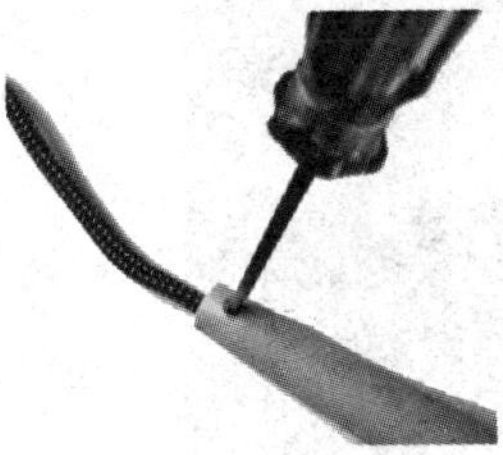	用平口螺丝刀取下电烙铁手柄尾部的固定螺钉
②		旋下手柄
③	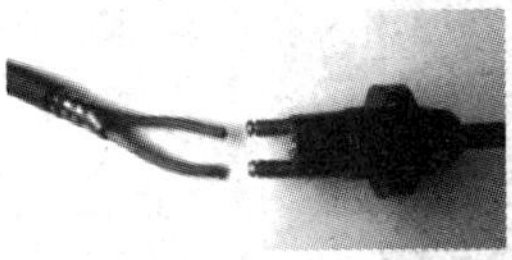	拆下接在接线柱上的两根电源线
④		拆下接线柱,用尖嘴钳将其旋下
⑤	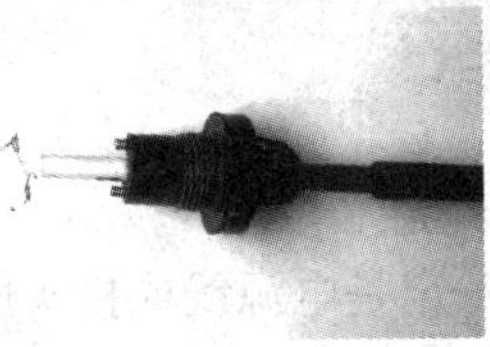	小心取出烙铁芯,观察烙铁芯是否完好

安装时顺次序与拆卸相反,只是在旋紧手柄时,勿使电源线随手柄一起旋转,以避免将电源线接头处绞断或绞在一起而形成短路。需要特别指出的是,在安装电源线时,其接头处裸露的铜线一定要尽可能短,以免发生短路事故。拆卸后的电烙铁如图5.17所示。

(4)**电烙铁的故障检测**

电烙铁的故障一般有短路和开路两种。

如果是短路,短路的地方一般在手柄中或插头中的接线处。此时,用万用表电阻挡检查电源线插头之间的电阻,会发现阻值趋于零。

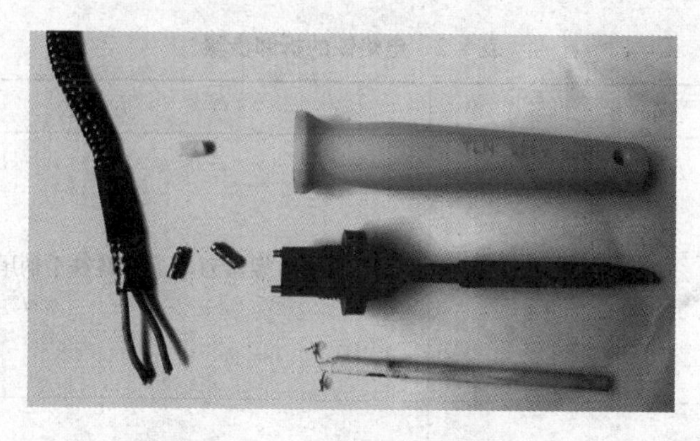

图 5.17　拆卸后的电烙铁

如果接上电源几分钟后，电烙铁还不发热，若电源供电正常，那么一定在电烙铁的工作回路中存在开路现象。以 20 W 电烙铁为例，这时应首先断开电源，然后旋开手柄，用万用表 $R\times100\ \Omega$挡测烙铁芯两个接线柱间的电阻值，如图 5.18 所示。

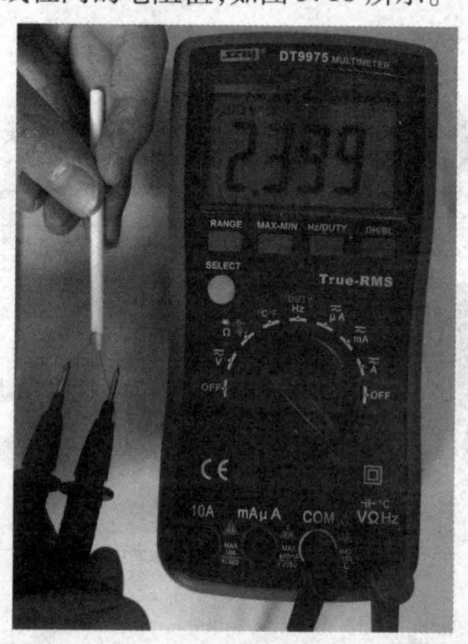

图 5.18　测烙铁芯两个接线柱间的电阻值

如果测出的电阻值在 2 kΩ 左右，说明烙铁芯没问题，一定是电源线或接头脱掉，此时应更换电源线或重新连接；如果测出的电阻值无穷大，则说明烙铁芯的电阻丝烧断，此时更换烙铁芯，即可排除故障。

(5) **电烙铁使用注意事项**

①电烙铁不使用时应放在电烙铁架上，要注意电烙铁的高温，勿将自己和他人烫伤。若电烙铁电源线已有裸露的铜线，应立即用电工胶布将其包裹，防止触电。

②修整后的烙铁一定要立刻蘸上松香并镀锡，否则表面会生成难镀锡的氧化层。

③新烙铁使用前，必须先去掉电烙铁头圆斜面的保护层并且镀锡，具体方法同上。

(6)电烙铁的常见故障与维修

1)烙铁头带电

烙铁头带电故障的原因除电源线错接在接地线接线柱上外,还有一个原因就是当电源线从烙铁芯接线柱上脱落后,又碰到了接地线的螺钉上,从而造成烙铁头带电。出现这种故障容易造成触电事故,并会损坏元器件。为防止电源线脱落,平时应检查电烙铁手柄上的压线螺钉是否有松动或丢失,如有松动或丢失,应及时紧固或配好。

2)电烙铁通电后不热

当电烙铁通电后,发现烙铁头不热,一般是电源线脱落或烙铁芯线断裂。遇到此故障可用万用表的 $R\times1\ \mathrm{k}\Omega$ 挡测量电源插头的两端,如果万用表指针不动,说明有断路故障。首先应检查插头本身的引线有无断路现象,如果没有,便可卸下胶木柄,再用万用表测量烙铁芯的两根引线,如果万用表指针仍然不动,说明烙铁芯损坏,应更换烙铁芯。如果测得阻值正常,则说明烙铁芯是好的,故障出现在电源引线及插头本身,多数故障为引线断路。更换烙铁芯应将新的同规格的烙铁芯插入连接杆,将引线固定在固定螺钉上,并拧紧接线柱,同时要注意将烙铁芯引线多余的部分剪掉,以防止两根引线短路。

3)烙铁头不"吃锡"或者出现凹坑

当烙铁头使用一段时间后,就会因氧化而不沾锡,这就是"烧死"现象,也称为不"吃锡"。当出现不"吃锡"的故障时,可以用细砂纸或锉刀将烙铁头打磨出金属光泽,然后重新镀上焊锡就可以继续使用了。平时也可将钢丝清洁球放在烙铁架盒内,将工作中的烙铁头在清洁球上擦拭几下,便可清除烙铁头的氧化物。当电烙铁使用一段时间后,烙铁头就会出现凹坑氧化腐蚀层,使烙铁头的形状发生变化。遇到此种情况时,可用锉刀将氧化层及凹坑锉掉,并锉成原来的形状,然后再镀上焊锡,就可以重新使用了。为减少烙铁头出现凹坑现象的产生,应尽量采用腐蚀性小的助焊剂。

5.2.3 焊料

焊料是用于填加到焊缝、堆焊层和钎缝中的金属合金材料的总称。包括焊丝、焊条、钎料等。熔焊用焊料的熔化温度通常不低于母材的固相线,其化学成分、力学、热学特性都与母材比较接近,如各种焊条、药芯焊丝等。焊缝强度常不低于母材本身,而钎料的熔化温度必须低于母材的固相线,其化学成分常与母材相去甚远,钎缝纤细,尺寸精密,但钎缝强度多数不及母材本身,抗蚀性也较差。焊料在使用时(如电弧焊),温度常超过母材和焊料本身许多,无软硬之分。钎料中的硬钎料,如铜锌料(铜锌合金)、银钎料(银铜合金)的钎焊接头强度较大,主要用于连接强度要求较高的金属构件,而软钎料如焊锡(锡铅为主的合金)焊成接头强度较小,主要用于连接不过分要求强度的小接头,如电子仪器、仪表、家电电子线路的接头。

锡(Sn)是一种银白色、质地软、熔点为232 ℃的金属,易与铅、铜、银、金等金属反应,生成金属化合物,在常温下有较好的耐腐蚀性。铅(Pb)是一种灰白色、质地较软、熔点327 ℃的金属,与铜、锌、铁等金属不相熔,抗腐蚀性强。由于熔化的锡具有良好的浸润性,而熔化的铅具有良好的热流动性,当它们按适当的比例组成合金,就可作为焊料,使焊接面和被焊金属紧密结合一体。根据锡和铅不同配比,可以配制不同性能的锡合金材料。

焊料在使用时常按规定的尺寸加工成型,有片状、块状、棒状、带状和丝状等多种形状和分类。丝状焊料通常称为锡焊丝,中心包着松香助焊剂,称为松脂芯焊丝,手工烙铁锡焊时常用。松脂芯焊丝的外径通常有0.5、0.6、1.0、1.2、1.6、2.0和2.3 mm等规格。片状焊料常用于硅片及其他片状焊件的焊接。带状焊料常用于自动装配芯片的生产线上,用自动焊机从制成带状的焊料上冲切一段进行焊接,以提高生产效率。焊锡丝如图5.19所示。

图5.19　焊锡丝

5.2.4　助焊剂与阻焊剂

助焊剂通常是以松香为主要成分的混合物,是保证焊接过程顺利进行的辅助材料。焊接是电子装配中的主要工艺过程,助焊剂是焊接时使用的辅料,其主要作用是清除焊料和被焊母材表面的氧化物,使金属表面达到必要的清洁度,防止焊接时表面的再次氧化,降低焊料表面张力,提高焊接性能。助焊剂性能的优劣,直接影响到电子产品的质量。松香助焊剂如图5.20所示。

图5.20　松香助焊剂

(1)助焊剂简介

助焊剂按功能分类有:手工浸焊助焊剂、波峰焊助焊剂及不锈钢助焊剂。前面两者为人们所熟悉了解,在此不作赘述,而不锈钢助焊剂是专门针对不锈钢而焊接的一种化学药剂,一般的焊接只能完成对铜或锡表面的焊接,但不锈钢助焊剂可以完成对铜、铁、镀锌板、镀镍、各类不锈钢等的焊接;

助焊剂的种类很多,大体上可分为有机、无机和树脂三大系列。

树脂助焊剂通常是从树木的分泌物中提取，属于天然产物，没有腐蚀性，松香是这类助焊剂的代表，所以也称为松香类助焊剂。

在电子产品的焊接中使用最多的是树脂型助焊剂。由于它只能溶解于有机溶剂，故又称为有机溶剂助焊剂，其主要成分是松香。松香在固态时呈非活性，只有液态时才呈活性，其熔点为127 ℃，活性可以持续到315 ℃。锡焊的最佳温度为240～250 ℃，正处于松香的活性温度范围内，且它的焊接残留物不存在腐蚀问题，这些特性使松香为非腐蚀性助焊剂而被广泛应用于电子设备的焊接中。

为了不同的应用需要，松香助焊剂有液态、糊状和固态三种形态。固态的助焊剂适用于烙铁焊，液态和糊状的助焊剂分别适用于波峰焊。

(2)助焊剂所具备的性能

①助焊剂应有适当的活性温度范围。在焊料熔化前开始起作用，在施焊过程中较好地发挥清除氧化膜、降低液态焊料表面张力的作用。助焊剂的熔点应低于焊料的熔点，但不宜相差过大。

②助焊剂应有良好的热稳定性，一般热稳定温度不低于100 ℃。

③助焊剂的密度应小于液态焊料的密度，这样助焊剂才能均匀地在被焊金属表面铺展，呈薄膜状覆盖在焊料和被焊金属表面，有效地隔绝空气，促进焊料对母材的润湿。

④助焊剂的残留物不应有腐蚀性且容易清洗，不应析出有毒、有害气体，要有符合电子工业规定的水溶性电阻和绝缘电阻，不吸潮、不产生霉菌，化学性能稳定，易于储藏。

(3)对助焊剂的要求

①熔点应低于焊料。

②表面的张力、黏度、密度要小于焊料。

③不能腐蚀母材，在焊接温度下，应能增加焊料的流动性，去除金属表面氧化膜。

④助焊剂残渣容易去除。

⑤不会产生有毒气体和臭味，以防对人体的危害和污染环境。

⑥在非焊接时，其pH值呈中性，对电路板无腐蚀性。

(4)阻焊剂简介

在印制电路板上往往有一层绿色的阻焊层，也称绿油。绿油即液态光致阻焊剂，是一种丙烯酸低聚物，作为一种保护层，涂覆在印制电路板不需焊接的线路和基材上，或用做阻焊剂。目的是长期保护所形成的线路图形，其显著作用如下：

①防止导体电路的物理性断线；

②焊接工艺中防止因桥连产生的短路；

③只在必须焊接的部分进行焊接，避免焊料浪费；

④减少对焊接料槽的铜污染；

⑤防止因灰尘、水分等外界环境因素造成绝缘恶化和腐蚀；

⑥具有高绝缘性，使电路的高密度化成为可能。

5.3　手工焊接步骤

手工焊接是焊接技术的基础,也是电子产品装配中的一项基本操作技能。手工焊接适用于小批量生产的小型化产品、一般结构的电子整机产品、具有特殊要求的高可靠产品、某些便于机器焊接的场合及调试和维修中修复焊点和更换元器件等。

5.3.1　手工焊接的注意事项

手工锡焊接技术是一项基本功,就是在大规模生产的情况下,维护和维修也必须使用手工焊接。因此,必须通过学习和实践操作练习才能熟练掌握。注意事项如下:

①掌握操作电烙铁的正确姿势,可以保证操作者的身心健康,减轻劳动伤害。为减少助焊剂加热时挥发出的化学物质对人的危害,减少有害气体的吸入量,一般情况下,烙铁到鼻子的距离应该不小于20 cm,通常以30 cm为宜。使用电烙铁有三种握法,反握法、正握法和握笔法,如图5.21所示。

(a)反握法

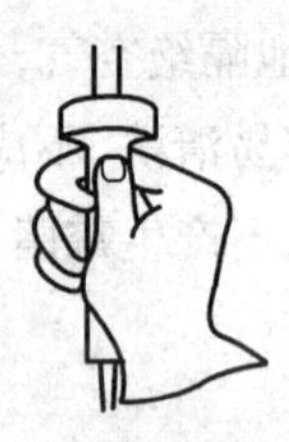

(b)正握法

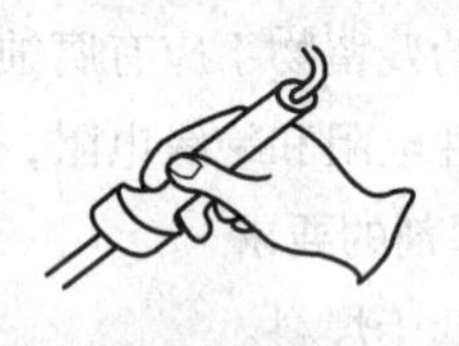

(c)握笔法

图5.21　握电烙铁的手法示意

反握法的动作稳定,长时间操作不易疲劳,适于大功率或重型电烙铁的操作;正握法适于中功率烙铁或带弯头电烙铁的操作,可用于侧面焊接;握笔法适于在操作台上焊接印制板等焊件的操作。

②焊锡丝一般有两种拿法,如图5.22所示。由于焊锡丝中含有一定比例的铅,而铅是对人体有害的一种重金属,因此,操作时应该戴手套或在操作后洗手,避免食入铅尘。

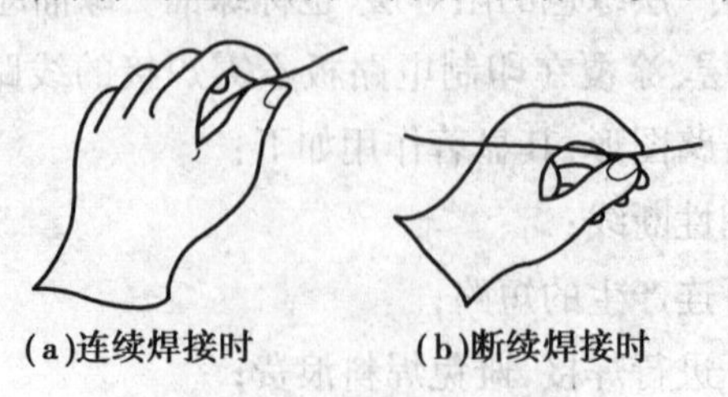

(a)连续焊接时　　(b)断续焊接时

图5.22　焊锡丝的拿法

③电烙铁使用以后,一定要稳妥地插放在烙铁架上,并注意导线等其他杂物不要碰到烙铁头,以免烫伤导线,造成漏电等事故。

5.3.2 手工焊接操作的基本步骤

在手工制作产品和设备维修中,手工焊接技术仍是主要的焊接方法,它是焊接工艺的基础。手工焊接的步骤一般根据被焊件的容量大小来决定,有五步和三步焊接法,通常采用五步焊接法。下面详细介绍插件式元件的五步焊接法、三步焊接法和表面贴片元件的手工焊接方法。

(1)**五步焊接法**

手工焊接五步法的流程:

准备→加热焊接部位→供给焊锡→移开焊锡丝→移开电烙铁

手工焊接五步法具体操作步骤见表5.3。

表5.3 手工焊接的五步焊接步骤

步　骤	图　示	具体操作
第一步 准备施焊	焊锡 烙铁	①检查焊盘和元器件引脚是否被氧化,如果氧化,则用镊子轻轻刮去其表面氧化层,并将被焊元器件垂直插入电路板中 ②将电烙铁加热到工作温度,检查烙铁头是否干净并吃锡良好 ③右手采用握笔法握好电烙铁,左手拿好焊锡丝,烙铁头和焊锡丝同时移向焊接点,电烙铁与焊料分别居于被焊元器件两侧,做好下一步焊接准备
第二步 加热焊件		①烙铁头圆斜面靠在两焊件的连接处,用最大受热面积去接触,使其快速加热,时间大约为2 s。 ②要注意使烙铁头同时加热引脚和焊盘,并且保证焊件均匀受热,不要施加压力或随意拖动烙铁
第三步 送入焊丝		①当预热完毕时,将焊锡丝送到元件引脚底部,同时接触到焊盘、元件引脚和电烙铁 ②送锡量要合适,使焊点呈三角锥形。如果焊锡堆积过多,内部就可能掩盖着某种缺陷,而且焊点的强度也不一定够;如果焊锡填充得太少,就会造成焊点不够饱满、焊接强度较低的缺陷
第四步 移开焊丝		当焊锡丝熔化到一定量以后,迅速移去焊锡丝
第五步 移开电烙铁		①移去焊料后,在助焊剂还未挥发之前,立即移去电烙铁 ②电烙铁撤离方向会影响焊锡的留存量,一般竖直向上撤离,动作要干脆利落,以免形成拉尖。收电烙铁的同时,应轻轻向上旋转提拉一下,这样可以吸收多余的焊料。从第三步开始到第五步结束,时间也是1~2 s

注意:完成上述步骤后,焊点应自然冷却,严禁用嘴吹或其他强制冷却方法。在焊料完全凝固以前,不能移动被焊件之间的位置,以防产生假焊现象。

(2)三步焊接法

对于热容量小的焊件,可以采用三步焊接操作法。三步焊接操作法的工艺流程:

准备→加热焊接部位并同时供焊锡→移开焊锡丝并同时移动电烙铁

手工焊接三步法具体操作步骤见表5.4。

表5.4 手工焊接的三步焊接步骤

步 骤	图 示	具体操作
第一步 准备施焊	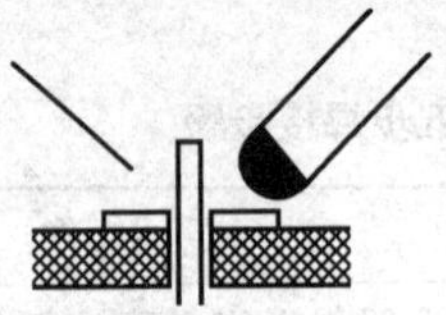	右手握电烙铁,左手拿锡丝并与电烙铁靠近,处于随时可以焊接的状态
第二步 加热与加焊料	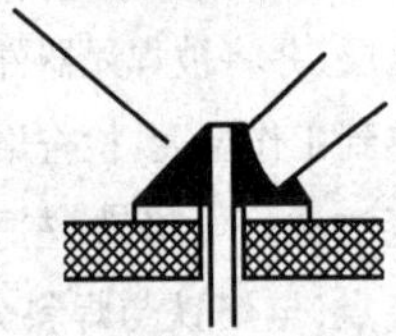	在被焊件的两侧,同时放上电烙铁和焊锡丝,并熔化适当的焊料
移动烙铁和焊锡丝	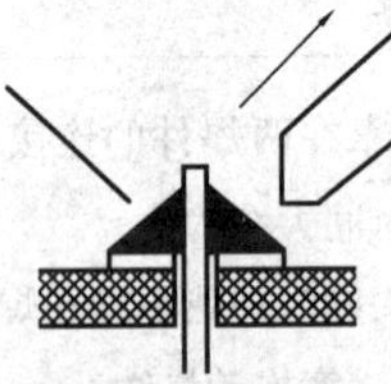	当焊料的扩散达到要求后,迅速拿开烙铁和焊锡丝,拿开焊锡的时间不得迟于移开电烙铁的时间

(3)表面贴片元件的手工焊接法

现在越来越多的电路板采用表面贴装元件,与传统的封装相比,它可以减少电路板的面积,易于大批量加工,布线密度高。贴片电阻和电容的引线电感大大减少,在高频电路中具有很多的优越性。表面贴装元件的不方便之处是不便于手工焊接。为此,以常见的 PQFP 封装芯片为例,介绍表面贴装元件的手工焊接方法。

焊接工具需要有 25 W 的铜头电烙铁,有条件的可使用温度可调和带 ESD 保护的焊台,注意烙铁尖要细,顶部的宽度不能大于 1 mm。一把尖头镊子可以用来移动和固定芯片以及检查电路,还要准备细焊丝和助焊剂、异丙基酒精等。使用助焊剂的目的主要是增加焊锡的流动性,这样焊锡可以用烙铁牵引,并依靠表面张力的作用光滑地包裹在引脚和焊盘上。在焊接后用酒精清除板上的助焊剂。其焊接方法如下:

①在焊接之前,先在焊盘上涂上助焊剂,用烙铁处理一遍,以免焊盘镀锡不良或被氧化,造成不好焊,芯片则一般不需处理。

②用镊子小心地将 PQFP 芯片放到 PCB 上,注意不要损坏引脚,使其与焊盘对齐,要保证

芯片的放置方向正确。将烙铁的温度调到 300 ℃以上,再将烙铁头尖沾上少量的焊锡,用工具向下按住已对准位置的芯片,在两个对角位置的引脚上加少量的助焊剂,仍然向下按住芯片,焊接两个对角位置上的引脚,使芯片固定而不能移动。在焊完对角后重新检查芯片的位置是否对准,如有必要可进行调整或拆除并重新在 PCB 上对准位置。

③开始焊接所有的引脚时,应在烙铁尖上加上焊锡,将所有的引脚涂上助焊剂,使引脚保持润湿。用烙铁尖接触芯片每个引脚的末端,直到看见焊锡流入引脚。在焊接时,要保持烙铁尖与被焊引脚并行,防止因焊锡过量发生搭接。

④焊完所有的引脚后,用助焊剂浸湿所有引脚,以便清洗焊锡;在需要的地方吸掉多余的焊锡,以消除任何短路和搭接;最后用镊子检查是否有虚焊,检查完成后,从电路板上清除助焊剂,将硬毛刷浸上酒精沿引脚方向仔细擦拭,直到助焊剂消失为止。

⑤贴片阻容元件相对容易焊一些,可以先在一个焊点上点上焊锡,然后放上元件的一头,用镊子夹住元件,焊上一头之后,再看看是否放正;如果已放正,就再焊上另外一头。

5.3.3　手工焊接操作的具体手法

在保证得到优质焊点的目标下,具体的焊接操作手法可以有所不同,但下面这些前人总结的方法,对初学者的指导作用是不可忽略的。

(1)保持烙铁头的清洁

焊接时,烙铁头长期处于高温状态,又接触助焊剂等弱酸性物质,其表面很容易被氧化腐蚀并沾上一层黑色杂质,这些杂质形成隔热层,妨碍了烙铁头与焊件之间的热传导。因此,要注意用一块湿布或湿的木质纤维海绵随时擦拭烙铁头。对于普通烙铁头,在腐蚀污染严重时可以使用锉刀修去表面氧化层。对于长寿命烙铁头,就绝对不能使用这种方法了。

(2)靠增加接触面积来加快传热

加热时,应该让焊件上需要焊锡浸润的各部分均匀受热,而不是仅仅加热焊件的一部分,更不要采用烙铁对焊件增加压力的办法,以免造成损坏或不易觉察的隐患。有些初学者用烙铁头对焊接面施加压力,企图加快焊接,这是不对的。正确的方法是:要根据焊件的形状选用不同的烙铁头,或者自己修整烙铁头,让烙铁头与焊件形成面接触,而不是点或线的接触,这样就能大大提高传热效率。

(3)加热要靠焊锡桥

在非流水线作业中,焊接的焊点形状是多种多样的,不大可能不断地更换烙铁头。要提高加热的效率,需要有进行热量传递的焊锡桥。所谓焊锡桥,就是靠烙铁头上保留少量焊锡,作为加热时烙铁头与焊件之间传热的桥梁。由于金属熔液的导热效率远远高于空气,使焊件很快就被加热到焊接温度。应该注意,作为焊锡桥的锡量不可保留过多,不仅因为长时间存留在烙铁头上的焊料处于过热状态,实际已经降低了质量,还可能造成焊点之间误连短路。

(4)烙铁撤离有讲究

烙铁的撤离要及时,而且撤离时的角度和方向与焊点的形成有关。烙铁不同的撤离方向对焊点锡量的影响如图 5.23 所示。

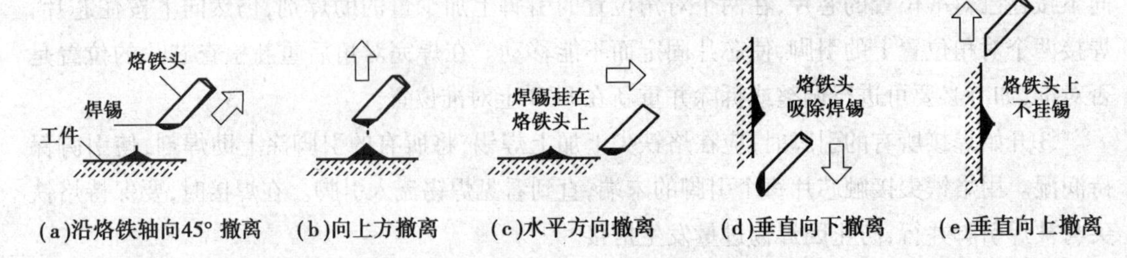

图 5.23　烙铁撤离方向与焊点锡量的关系

(5)在焊锡凝固之前不能动

切勿使焊件移动或受到震动，特别是用镊子夹住焊件时，一定要等焊锡凝固后再移走镊子，否则极易造成焊点结构疏松或虚焊。

(6)焊锡用量要适中

手工焊接常使用的管状焊锡丝，内部已经装有由松香和活化剂制成的助焊剂。焊锡丝的直径有 0.5、0.8、1.0、…、5.0 mm 等多种规格，要根据焊点的大小选用。一般使焊锡丝的直径应略小于焊盘的直径。

如图 5.24 所示，过量的焊锡不但无必要地消耗了焊锡，而且还增加焊接时间，降低工作速度，更为严重的是，过量的焊锡很容易造成不易觉察的短路故障；焊锡过少也不能形成牢固结合，同样是不利的，特别是焊接印制板引出导线时，焊锡用量不足，极容易造成导线脱落。

图 5.24　焊点锡量的掌握

(7)助焊剂用量要适中

适量的助焊剂对焊接非常有利，过量使用松香助焊剂，焊接以后势必需要擦除多余的助焊剂，并且延长了加热时间，降低了工作效率，当加热时间不足时，又容易形成"夹渣"的缺陷。焊接开关、接插件的时，过量的助焊剂容易流到触点上，会造成接触不良。合适的助焊剂量，应该是松香水仅能浸湿将要形成焊点的部位，不会透过印制板上的通孔流走。对使用松香芯焊丝的焊接来说，基本上不需要再涂助焊剂。目前，印制板生产厂在电路板出厂前大多进行过松香水喷涂处理，无须再加助焊剂。

(8)不要使用烙铁头作为运送焊锡的工具

有人习惯将焊锡送到电烙铁头表面熔化后再进行焊接，结果造成焊料的氧化。因为烙铁尖的温度一般都在 300 ℃以上，焊锡丝中的助焊剂在高温时容易分解失效，焊锡也处于过热的低质量状态。

5.3.4 焊点质量及检查

对焊点的质量要求应该包括三个方面:电气接触良好、机械结合牢固和美观。保证焊点质量最重要的一点,就是必须避免虚焊。

(1)虚焊产生的原因及其危害

虚焊主要是由待焊金属表面的氧化物和污垢造成的,它使焊点成为有接触电阻的连接状态,导致电路工作不正常,出现连接时好时坏的不稳定现象,噪声增加而没有规律性,给电路的调试、使用和维护带来重大隐患。

此外,也有一部分虚焊点在电路开始工作的一段较长时间内,保持接触尚好,因而不容易发现。但在温度、湿度和震动等环境条件的作用下,接触表面逐步被氧化,接触慢慢地变得不完全起来。虚焊点的接触电阻会引起局部发热,局部温度升高又促使不完全接触的焊点情况进一步恶化,最终甚至使焊点脱落,电路完全不能正常工作。这一过程有时可长达一两年,其原理可以用"原电池"的概念来解释:当焊点受潮使水汽渗入间隙后,水分子溶解金属氧化物和污垢形成电解液,虚焊点两侧的铜和铅锡焊料相当于原电池的两个电极,铅锡焊料失去电子被氧化,铜材获得电子被还原。在这样的原电池结构中,虚焊点内发生金属损耗性腐蚀,局部温度升高加剧了化学反应,机械振动让其中的间隙不断扩大,直到恶性循环使虚焊点最终形成断路。

据统计数字表明,在电子整机产品的故障中,有将近一半是由于焊接不良引起的。然而,要从一台有成千上万个焊点的电子设备里,找出引起故障的虚焊点来,实在不是容易的事。因此,虚焊是电路可靠性的重大隐患,必须严格避免。进行手工焊接操作时,尤其要加以注意。

一般来说,造成虚焊的主要原因是:焊锡质量差;助焊剂的还原性不良或用量不够;被焊接处表面未预先清洁好,镀锡不牢;烙铁头的温度过高或过低,表面有氧化层;焊接时间掌握不好,太长或太短;焊接中焊锡尚未凝固时,焊接元件松动。

(2)插件元件常见焊点缺陷及分析

插件元件常见焊点缺陷及分析见表5.5。

表5.5　常见焊点缺陷及分析

焊点缺陷	外观特点	造成危害	原因分析
焊料过多	焊点呈球形、凸形	可能包藏缺陷	焊锡丝撤离时间过迟
焊料过少	焊点未形成平滑面,未形成三角锥形	机械强度不足	焊锡丝撤离时间过早

续表

焊点缺陷	外观特点	造成危害	原因分析
松香焊	焊点中夹有松香渣	强度不足，导通不良	①加助焊剂过多或已失效 ②焊接时间不足，加热不足
过热	焊点表面粗糙且发白，无金属光泽	①容易剥落，强度降低 ②造成元器件失效损坏	烙铁功率过大或加热时间过长
扰焊	焊点表面呈豆腐渣状颗粒，有时可有裂纹	强度低，导电性不好	焊料未凝固时焊件抖动
冷焊	润湿角过大，表面粗糙，界面不平滑	强度低，导通不良	①焊件加热温度不够 ②焊件清理不干净 ③助焊剂不足或质量差
不对称	焊锡未流满焊盘	强度不足	①焊料流动性不好 ②助焊剂不足或质量差 ③加热不足
松动	导线或元器件引线可移动	导通不良或不导通	①焊锡未凝固前引线移动造成空隙 ②引线未处理好 ③润湿不良或不润湿
拉尖	出现尖端	外观不佳，容易造成桥接现象	①加热不足 ②焊料不合格
针孔	目测或放大镜可见有孔	焊点容易腐蚀	焊盘孔与引线间隙太大

续表

焊点缺陷	外观特点	造成危害	原因分析
气泡	引线根部有时有焊料凸起，内部藏有空洞	暂时导通，但长时间容易引起导通不良	引线与孔间隙过大或引线润湿性不良
桥接	相邻导线搭接	电气短路	①焊锡过多 ②烙铁施焊撤离方向不当
焊盘脱落	焊盘与基板脱离	焊盘活动，进而可能断路	①烙铁温度过高 ②烙铁接触时间过长
焊料球	部分焊料成球状散落在PCB上	可能引起电气短路	①一般原因见不良焊点的形貌中"气孔"部分 ②波峰焊时，印制板通孔较少或小时，各种气体易在焊点成形区产生高压气流 ③焊料含氧高且焊接后期助焊剂已失效 ④在表面安装工艺中，焊锡膏质量差，焊接曲线通热段升温过快，环境相对湿度较高，造成焊膏吸湿
丝状桥接	此现象多发生在集成电路焊盘间隔小且密集区域，丝状物多呈脆性，直径数微米至数十微米	电气短路	①焊料槽中杂质Cu含量超标，Cu含量越高，丝状物直径越粗 ②由于杂质Cu所形成松针状的Cu_3Sn_4固相点(217 ℃)与Sn53Pb37焊料的固相点(183 ℃)温差较大，因此，在较低的温度下进行波峰焊接时，积聚的松针状Cu_3Sn_4合金易产生丝状桥接

(3)良好的焊点应具备的条件

良好的焊点应具备以下条件:

①光滑亮泽,锡量适中,形状良好。

②无冷焊(虚假焊)、针孔。

③元件脚清晰可见,无包焊、无锡尖。

④无残留松香助焊剂、残锡、锡珠。

⑤无起铜皮、无烫伤元器件本体及绝缘皮现象。

⑥焊锡应覆盖整个焊盘,至少覆盖95%以上。

良好焊点形状如图5.25所示。

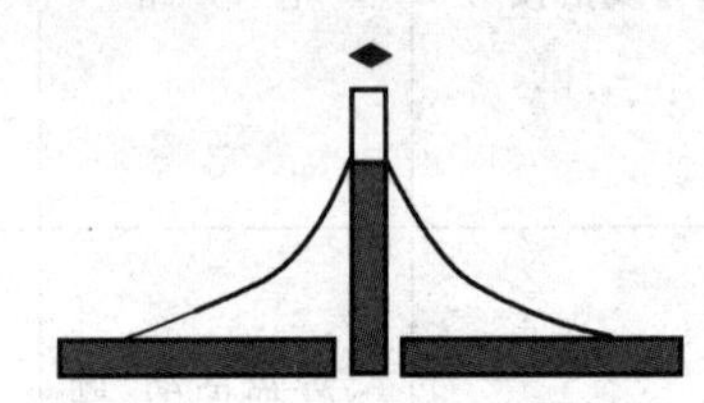

图5.25 良好焊点形状

焊接完成应对焊接质量进行外观检验,其标准和方法见表5.6。

表5.6 合格焊点的外观质量标准与检查方法

<table>
<tr><td colspan="2" rowspan="5">标 准</td><td>①焊点表面明亮、平滑、有光泽,对称于引线,无针眼、无砂眼、无气孔</td></tr>
<tr><td>②焊锡充满整个焊盘,形成对称的焊角</td></tr>
<tr><td>③焊接外形应以焊件为中心,均匀、成裙状拉开</td></tr>
<tr><td>④焊点干净,见不到助焊剂的残渣,在焊点表面应有薄薄的一层助焊剂</td></tr>
<tr><td>⑤焊点上没有拉尖、裂纹</td></tr>
<tr><td rowspan="2">方法</td><td>目测法</td><td>用眼睛观看焊点的外观质量及电路板整体的情况是否符合外观检验标准,即检查各焊点是否有漏焊、连焊、桥接、焊料飞溅以及导线或元器件绝缘的损伤等焊接缺陷</td></tr>
<tr><td>手触法</td><td>用手触摸元器件(不是用手去触摸焊点),对可疑焊点也可以用镊子轻轻牵拉引线,观察焊点有无异常,这对发现虚焊和假焊特别有效,可以检查有无导线断线、焊盘脱落等</td></tr>
</table>

5.4 SMT表面贴装技术

电子电路表面组装技术(Surface Mount Technology,SMT),称为表面贴装或表面安装技术。它是一种将无引脚或短引线表面组装元器件(简称SMC/SMD,中文称片状元器件)安装在印制电路板的表面或其他基板的表面上,通过回流焊或浸焊等方法加以焊接组装的电路装连技术。

5.4.1　SMT 基本工艺

SMT 基本工艺一般包括焊膏印刷、贴片、回流焊、检测等四个环节。SMT 生产工艺按元器件的装贴方式,可分为纯 SMT 装联工艺和混合装联工艺;按线路板元件分布,可分为单面和双面工艺;按元件黏结到线路板上的方式,可分为锡膏工艺和红胶工艺;按照焊接方式,可分为回流焊工艺和波峰焊工艺。SMT 自动生产线流程如图 5.26 所示。下面主要介绍锡膏工艺和红胶工艺。

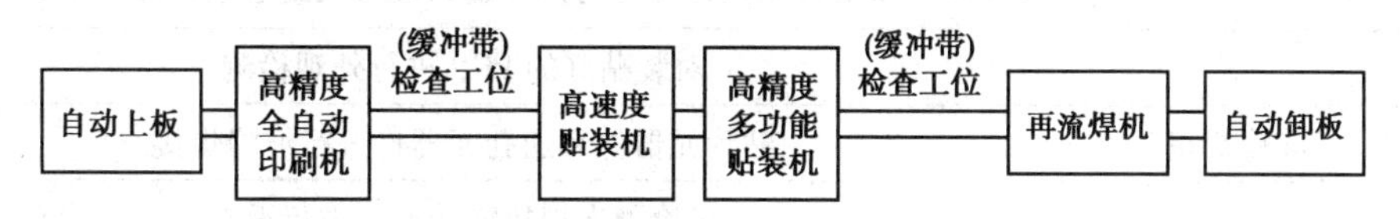

图 5.26　SMT 自动生产线流程

(1)**锡膏工艺**

先将适量的焊锡膏印刷到印制电路板的焊盘上,再将片式元器件贴放在印制电路板表面规定的位置上,最后将贴装好元器件的印制电路板放在回流焊设备的传送带上,从回流焊机入口到出口,完成了干燥、预热、熔化、冷却等全部焊接过程。锡膏工艺流程见表 5.7。

表 5.7　锡膏工艺

工艺环节	工艺设备	作业内容
印刷	锡膏印刷机	将焊锡膏或贴片胶漏印到 PCB 的焊盘上,为元器件的焊接作准备
贴装	贴片机	将表面组装元器件准确安装到 PCB 的固定位置上
回流焊接	回流焊机	将焊锡膏熔化,使表面组装元器件与 PCB 板牢固黏结在一起
检测	自动光学检测仪、功能测试仪等	对组装好的 PCB 进行焊接质量和装配质量的检测。所用设备位置,根据检测的需要,可以配置在生产线合适的地方
返修	烙铁、返修工作站	对检测出现故障的产品进行返工

(2)**红胶工艺**

先将微量的贴片胶(红胶)印刷或滴涂到印制电路板相应位置(注意:贴片胶不能污染印制电路板焊盘和元器件端头),再将片式元器件贴放在印制电路板表面规定的位置上,让贴装好元器件的印制电路板进行胶固化。

固化后的元器件被牢固地黏结在印制电路板上,然后插装分立元器件,最后与插装元器件同时进行波峰焊接。

红胶工艺流程见表 5.8。混合装联工艺(SMD 和 THT)通常采用红胶工艺。

表 5.8 红胶工艺

环节	工艺设备	作业内容
印刷	锡膏印刷机或点胶机	将贴片胶印刷到 PCB 的固定位置上,其主要作用是将元器件固定到 PCB 上
贴装	贴片机	将表面组装元器件准确贴放到 PCB 固定位置上
固化	回流焊/固化炉	将贴片胶固化,从而使表面组装元器件与 PCB 牢固黏结在一起,再经过波峰焊无须治具遮蔽元件可与插件物料混合装配过波峰焊
检测		对装贴好的 PCB 进行外观检测
焊接	波峰焊机	贴片元器件和通孔元器件进行波峰焊接
返修		对检测出现故障的产品进行返工

5.4.2 SMT 组装方式

表面贴装技术(SMT)的组装方式及其工艺流程主要取决于表面组装组件(Surface Mount Assembly,SMA)类型、元器件种类和组装设备条件。SMT 的组装方式大体上可分为全表面组装、单面混装和双面混装,共 6 种组装方式,见表 5.9。对于不同类型的 SMA,其组装方式有所不同。对于同一种类型的 SMA,其组装方式也可以有所不同。

表 5.9 SMT 组装方式

组装方式		示意图	电路基板	元器件	特征
纯表面组装	单面表面组装	A B	单面 PCB	表面组装元器件	工艺简单,适用于小型、薄型简单电路
	双面表面组装	A B	双面 PCB	表面组装元器件	高密度组装、薄型化
单面混装	SMD 和 THC 都在 A 面	A B	双面 PCB	表面组装元器件和通孔插装元器件	一般采用先贴后插,工艺简单
	THC 在 A 面 SMD 在 B 面	A B	单面 PCB	表面组装元器件和通孔插装元器件	PCB 成本低,工艺简单,先贴后插
双面混装	THC 在 A 面,A、B 两面都有 SMD	A B	双面 PCB	表面组装元器件和通孔插装元器件	适合高密度组装

续表

组装方式		示意图	电路基板	元器件	特 征
双面混装	A、B 两面都有 SMD 和 THC	A B	双面 PCB	表面组装元器件和通孔插装元器件	工艺复杂，尽量不采用

5.4.3 SMT 设备

SMT 最基本的生产工艺一般包括焊膏印刷、贴片和回流焊等三个步骤。要组成一条最基本的 SMT 生产线，必然包括完成以下工艺步骤的设备：上板机、焊膏印刷机、SMT 贴片机和回流焊机。

(1) **上板机**

①功能：将放置在料框中的 PCB 一块接一块地送到焊膏印刷机。

②组成结构：自动上板机由框架、升板系统、推板系统、调偏系统、托辊、定位架、控制系统等几部分组成。

自动上板机的优点在于，无须专用设备基础，放置在硬化平地上即可与送板机配套使用，减轻了操作工人的劳动强度，提高了工作效率，具有操作使用灵活、性能可靠、适用范围广等特点。

(2) **焊膏印刷机**

①功能：焊膏印刷机是用来印刷焊膏或贴片胶的，其功能是将焊膏或贴片胶正确地通过钢网板漏印到印制板相应的位置上。

②组成结构：焊膏印刷机由网板、刮刀、印刷工作台等构成。

(3) SMT **贴片机**

①功能：贴片机的作用是将贴片元器件按照事先编制好的程序，通过供料器将元器件从包装中取出，并精确地贴装到印制板相应的位置上。

②组成结构：贴片机品牌繁多、结构形式多样，型号规格不一，具体结构存在一定差异，但组成结构基本相同，主要由机架（设备本体）、电路板传送机构与定位装置、贴片头及其运动控制系统、视觉定位系统、电力伺服系统、气动系统、计算机操作系统等组成。

③贴片机的种类：贴片机按结构形式大致可分为动臂拱架式、转塔式、复合式和大型平行系统等。

(4) **回流焊机**

①功能：回流焊机主要用于各类表面组装的元器件的焊接，其作用是通过重新熔化预先分配到印制板焊盘上的膏状软钎焊料，实现表面组装元器件焊端或引脚与印制板焊盘之间机械与电气连接。

回流焊接的焊料是焊锡膏,贴装好元器件的 PCB 进入回流焊机。传送系统带动电路板通过回流焊机里各个设定的温度区域,焊锡膏经过干燥、预热、熔化、润湿、冷却,将元器件焊接到印制板上。回流焊的核心环节是利用外部加热源加热,使焊料熔化而再次流动润湿,完成电路板的焊接过程。

②组成结构:热风回流焊机总体结构主要分为加热区、冷却区、炉内气体循环装置、废气排放装置以及 PCB 传送等五大主体部分。

回流焊机的温区通常有四个功能区,分别为预热区、恒温区、回流区(再流)和冷却区。

A. 预热区:焊接对象从室温逐步加热至 150 ℃左右的区域,缩小与回流焊过程的温差,焊锡膏中的溶剂被挥发。

B. 恒温区:温度维持在 150 ~ 160 ℃,焊锡膏中的活性剂开始作用,去除焊接对象表面的氧化层。

C. 回流区:温度逐步上升,超过焊锡膏熔点温度 30% ~ 40%,峰值温度达到 220 ~ 230 ℃的时间在 10 s 以上,焊锡膏完全熔化并润湿元器件焊端与焊盘。

D. 冷却区:焊接对象降温,形成焊点,完成焊接。

5.4.4 贴片元器件(SMC/SMD)

封装(Package)就是指将硅片上的电路管脚用导线接引到外部接头处,以便与其他元器件连接。封装形式是指安装半导体集成电路芯片用的外壳,它不仅起着安装、固定、密封、保护芯片及增强电热性能等方面的作用,而且还通过芯片上的接点用导线连接到封装外壳的引脚上,这些引脚又通过印刷电路板上的导线与其他器件相连接,从而实现内部芯片与外部电路的连接。

(1)标准封装

1)无源片式元件(CHIP)

长方形无源器件称为"CHIP"片式元器件,它的体积小、质量小、抗冲击性和抗震性好、寄生损耗小,被广泛应用于各类电子产品中,主要用于电阻、电容、电感等元件,其主要特点是没有突出的引脚,如图 5.27 所示。

无源片式元件用两种尺寸代码来表示:一种尺寸代码是由 4 位数字表示的 EIA(美国电子工业协会)代码,前两位与后两位分别表示电阻的长与宽,其单位为英寸,例如,0603 封装就是指英制代码;另一种是米制代码,也由 4 位数字表示,其单位为毫米。英制的 1005、0201、0402、0603、0805、1206 片状元件,相当于公制的 0402、0603、1005、1608、2012、3216 片状元件。

2)柱状封装元件(MELF)

柱状封装元件主要用于二极管、电阻、电感、陶瓷或钽电容等。焊接端头为圆柱体金属成分,如银、金或钯银合金等,易滚动,如图 5.28 所示。

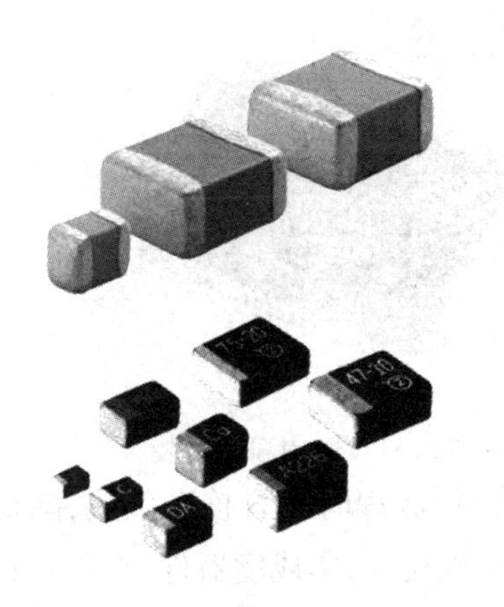

图 5.27　无源片式元件

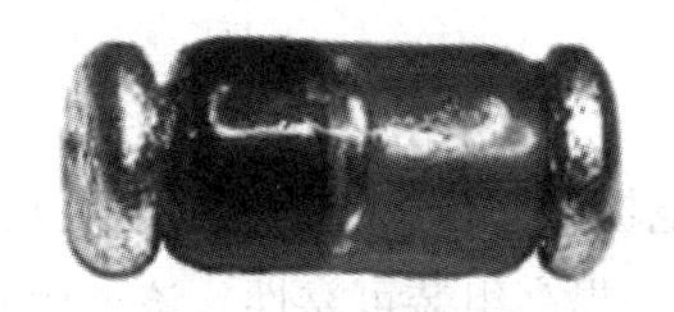

图 5.28　柱状元件

3）小外形晶体管（SOT）

小外形晶体管主要用于二极管、三极管、达林顿管等。引出端特点是分列于元器件对称的两端，引脚为“-”和“L”形，基本分为对称与不对称两类，有 SOT23、SOT89、SOT223 等几个系列，如图 5.29 所示。

图 5.29　小外形晶体管

4）小外形封装（SOP）

小外形封装主要用于中小规模集成电路。引出端特点是对称分列于元器件的两边，引脚形态基本分为“L”与“鸥翼”（Gullwing）“J”“I”等四类，如图 5.30 所示。SOP 封装技术由 1968—1969 年菲利浦公司开发成功，以后逐渐派生出 SOJ（“J”形引脚小外形封装）、TSOP（薄小外形封装）、VSOP（甚小外形封装）、SSOP（缩小型 SOP）、TSSOP（薄的缩小型 SOP）及 SOT（小外形晶体管）、SOIC（小外形集成电路）等。

5）四周扁平封装（QFP）

四周扁平封装多用于各类型的集成电路，引脚形态基本上为“鸥翼”形，引脚间距从 0.3 ~ 1.0 mm 多个系列，封体形状为正方形或长方形，封装材料为塑料（PQFP）或陶瓷（CQFP），如图 5.31所示。

6）塑封引线芯片载体（PLCC）

塑封引线芯片载体多用于各类型的集成电路，引脚形态为“J”形，引脚间距 1.27 mm，封体形状为正方形或长方形、不规则形状，封装材料为塑料，可直接装入芯片插座或焊接，如图 5.32所示。

7）球栅阵列封装（BGA）

大规模集成电路的球栅阵列封装发展缘由：集成电路的集成度迅速提高，封装尺寸必须缩

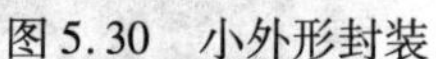

图5.30 小外形封装

图5.31 四周扁平封装

小。电极采用球形引脚,其优点:尺寸小,利于高密度组装;再流焊时有自校准效应,降低了贴片精度,提高组装可靠性。该类型封装已很多见,多用于大规模、高集成度器件,封装材料为塑料或陶瓷、金属,焊球间距为1.27、1.00、0.8、0.65、0.5 mm等,球径随着间距而相应缩小,阵列规格多样,各自标准不一,如图5.33所示。

图5.32 塑封引线芯片载体

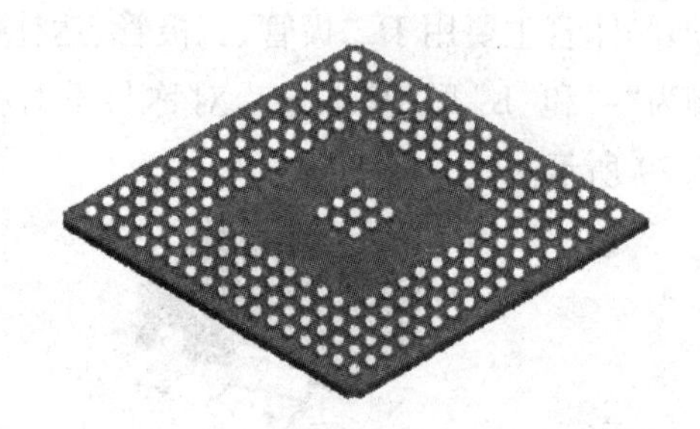

图5.33 球栅阵列封装

8)芯片尺寸封装(CSP)

芯片尺寸封装从形式上类似于BGA,但其定义为封装尺寸不大于芯片尺寸的1/3。有些公司的产品又称为μBGA。焊球间距一般均在1.00 mm以下。

9)倒装芯片(FP)

倒装芯片为目前最为先进的IC形式,应用晶圆片半导体工艺,产生具有规则或不规则凸点阵列,凸点间距在0.8 mm以下,凸点直径在0.5 mm以下,基本属裸芯片。

(2)SMC/SMD的储存与使用

①存放环境条件:环境温度,30 ℃下;环境湿度,低于60% RH;环境气氛,库房及环境中不得有影响焊接性能的硫、氯、酸等有害气体;防静电措施,要满足表面组装对防静电的要求。

②存放周期:从生产日期起为两年。到用户手中算起一般为一年(南方潮湿环境下3个月以内)。

③防潮:塑封元器件均对湿度有不同的敏感度,因而对敏感度较高的元器件在包装中除正常的产品标识、合格证外,正规厂家均会在其包装中放置干燥剂等若干物品。对具有防潮要求的SMD元件,打开封装后必须在规定时间内使用完毕,若不能使用完毕,应存放在低于20% RH的干燥箱内,对已经受潮的SMD器件按照规定做去潮烘烤处理。

④防静电:操作人员在拿取SMD元件时,应带好防静电手环、防静电手套等工具。

5.4.5　SMT 工艺材料

焊锡膏是 SMT 工艺中不可缺少的焊接材料,它由合金焊料粉、糊状助焊剂和一些添加剂混合而成的膏状体。在常温下,焊锡膏有一定的黏性,具有良好的触变特性,可将电子元器件暂时固定在 PCB 的相应位置上。在焊接温度下,焊膏中的合金粉末熔融回流,液体焊料浸润元器件的焊端与 PCB 焊盘,冷却后元器件的焊端与 PCB 焊盘被焊料连接在一起,形成电气和机械连接的焊点。

随着回流焊接技术的普及和 SMT 组装密度的不断提高,焊锡膏已成为高度精细的电路组装材料,在 SMT 组装工艺中被广泛应用。

焊锡膏主要由合金焊料粉末和助焊剂组成,见表 5.10。其中,合金焊料粉末占总质量的 88% ~91%,助焊剂占 9% ~12%;体积比:合金焊粉 50%、助焊剂 50%。

表 5.10　焊锡膏的组成化学成分及作用

组　成		功　能
合金粉末		元器件与电路的机械和电气连接
助焊剂	活化剂	除 PCB 上的焊盘表面层及零度焊接部位的氧化物,同时降低合金表面张力
	黏结剂	提供贴装元器件所需的黏性
	润湿剂	增加焊锡膏和被焊件之间润湿性
	溶剂	调节焊锡膏特性
	触变剂	改善焊锡膏的触变性
	其他添加剂	改进焊锡膏的抗腐蚀性、焊点的光亮度及阻燃性能等

(1)焊锡膏的储存

焊锡膏是一种贵重耗材,保管不当会造成很大的浪费。存放的温度和时间长短是要时刻注意,避免错误的存放温度或存放时间过长而性能变坏,以下为焊锡膏的储存方法。

①焊锡膏需以密闭状态存放在恒温恒湿的冰箱里,保存温度为 2 ~10 ℃,最佳为 4 ~8 ℃,绝不可冷冻保存,否则会造成助焊剂的沉淀或结晶,影响使用效果。水溶性焊锡膏一般冷藏寿命为 3—6 月,免清洗焊锡膏为 6 月到 1 年(注意:新进焊锡膏在放冰箱之前,贴好状态标签、注明日期并填写焊锡膏进出管制表)。

②焊锡膏启封后,放置时间不得超过 24 h。

③生产结束或因故停止印刷时,钢网板上剩余焊锡膏放置时间不得超过 1 h。

④停止印刷不再使用时,应将剩余焊锡膏单独用干净瓶装并密封、冷藏,剩余焊锡膏只能连续用一次,再剩余时则作报废处理。

(2)焊锡膏的使用

①使用原则:先进先出,新旧焊锡膏混合比例至少 1 : 1(新焊锡膏占比例较大为好,且为

同型号同批次)，使用焊锡膏一定要优先使用回收焊锡膏并且只能用一次，再剩余的作报废处理。

②回温：将原装焊锡膏瓶从冰箱取出后，在SMT标准室温22～28 ℃时，放置时间不得少于4 h，以充分回温到室内温度，并在焊锡膏瓶上的状态标签纸上写明解冻时间，同时填好焊锡膏进出管制表。

③搅拌：a.手工，用扁铲按同一方向搅拌5～10 min，以合金粉与助焊剂搅拌均匀为准；b.自动搅拌机，若搅拌机速为1 200 r/min，则需搅拌2～3 min，以搅拌均匀为准且在使用时仍需用手动按同一方向搅动1 min。

④使用环境：温度范围为22～28 ℃，湿度范围为45%～75%。

⑤使用投入量：半自动印刷机、印刷时钢网上焊锡膏成滚动状，直径为1～2 cm即可。

(3)SMT **印刷工艺**

锡膏印刷是将一定的焊锡膏量按要求印刷到PCB(印制线路板)上的过程。它为回流焊阶段的焊接过程提供焊料，是整个SMT电子装联中的第一道工序，也是影响整个工序直通率的关键因素之一。

1)工艺目的

将焊锡膏均匀地施加在PCB焊盘上，以保证在回流焊接后贴片元件与PCB焊盘形成良好的焊点。

2)工艺要求

①要求施加的焊锡膏量均匀，一致性好。焊锡膏图形要清晰，相邻的图形之间尽量不要粘连，焊锡膏图形与焊盘图形要一致，尽量不要错位。

②焊锡膏覆盖每个焊盘的面积应在75%以上。

③焊锡膏印刷后，应无严重塌落，边缘整齐。

④基板不允许被焊锡膏污染。

5.4.6 SMT **检测与返修**

(1)SMT **检测内容**

SMT检测技术的内容很丰富，基本内容包含：原材料来料检测、工艺过程检测和组装后的组件功能检测等，如图5.34所示。

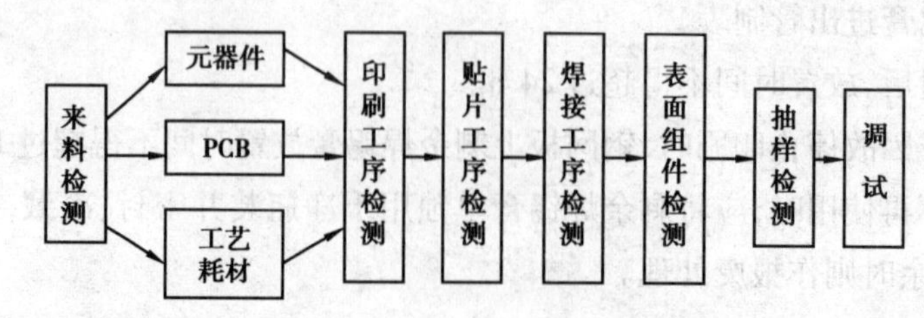

图5.34 SMT产品检测过程

在表面贴装过程中,线路板组件贴装生产要经历焊锡膏印刷、贴装、回流焊(波峰焊)等工序,每道工序都可能存在质量问题而直接影响产品的合格率。工艺过程检测包含印刷、贴片、焊接、清洗等各工序的工艺质量检测,组件检测和组件外观检测、焊点检测、组件性能测试和功能测试等,见表5.11。

表5.11　组装工艺过程中的主要检查项目

组装工序	工序管理项目	检查项目
PCB	表面污染、损伤、变形	入库/进厂时检查、投产前检查
焊膏印刷	网板污染、焊锡膏印刷量、膜厚	印刷错位、模糊、渗漏、膜厚
SMD贴装	元器件有无,位置、极性正反、装反	首件核对
再流焊	温度曲线设定、控制	焊点质量
贴片胶固化	温度控制	黏结强度
焊后外观检查	基板受污染程度、助焊剂残渣、组装故障	漏贴、翘立、错位、贴错(极性)、装反、引脚上浮、润湿不良、漏焊、桥连、焊锡过量、虚焊(少焊锡)、锡珠
电性能检测	在线检测、功能检测	短路、开路、制品固有特性

1)PCB检测

PCB缺陷可大致分为短路(包括基铜板短路、电镀短路、尘埃短路、凹坑短路、污渍短路、干膜短路、蚀刻力度不够短路、镀层太厚短路、刮擦短路等),开路(包括重复性的开路、刮擦开路、真空开路、缺口开路等)。

2)印刷质量检测

印刷缺陷有很多种,大体上可以分为:焊盘上焊锡膏不足、焊锡膏过多;大焊盘中间部分焊锡膏刮擦、小焊盘边缘部分焊锡膏拉尖;印刷偏移、桥接及沾污等。形成这些缺陷的原因包括焊锡膏流变性不良、模板厚度和孔壁加工不当,印刷机参数设定不合理、精度不高,刮刀材质和精度选择不当,以及PCB加工不良等。通过AOI可以有效监控焊锡膏印刷质量,并对缺陷数量和种类进行分析,从而改善印刷制程。

3)贴装质量检测

元件贴装环节过程中常出现的漏贴、偏移、歪斜、极性相反等缺陷进行检测。

4)焊接质量检测

检测元器件的缺失、偏移和极性相反等情况,并检查焊点的有无缺陷、焊锡膏是否充分、焊接有无短路以及元器件有无跷脚等。

(2)SMT **检测方法**

SMT工艺中常用的检测技术主要包括人工目检(MVl)、自动光学检测(AOI)、在线电路检测(ICT)、自动X射线检测(AXl),功能检测(FT)、飞针测试(FP)等方法。随着电子产品的微小型化,元器件也不断地朝着微小型化方向发展,引脚间距现朝着0.1mm甚至更微小的尺寸发展,布线也越来越密,BGA/CSP/FC的使用也越来越多,SMA组件也越来越复杂,这一切对用SMT生产的产品质量检测技术提出了非常高的要求。

(3)SMT **返修**

在SMT的整个工艺制程中,由于焊盘设计不合理、不良的焊锡膏印刷、不正确的元件贴装、焊锡膏塌落、再流焊不充分等,都会引起开路、桥接、虚焊和不良润湿等焊点缺陷;对于窄间距SMD器件,由于对印刷、贴装、共面性的要求很高,因此引脚焊接的返修很常见。在波峰焊工艺中,由于阴影效应等原因也会产生以上焊点缺陷。

另外,由于在装贴过程中漏贴的元器件、贴错位置以及损坏的元器件,在线测试或功能测试以及单板和整机调试后也有一些需要更换的元器件,因此,这些情况都需要通过手工借助必要的工具进行修整后可去除各种焊点缺陷,从而获得合格的焊点。

5.5 现代电子产品的焊接技术

在电子工业生产中,随着电子产品向小型化、微型化的发展,为了提高生产效率、降低生产成本、保证产品质量,采用自动化、机械化的锡焊技术对印制电路板进行流水线焊接。主要采用浸焊、波峰焊及回流焊等形式。

5.5.1 浸焊技术

浸焊是将安装好元器件的印制板在熔化的锡炉里浸锡,一次完成印制板上众多焊点的焊接方式。它不仅比手工焊接效率高,而且可消除漏焊现象。浸焊有两种:手工浸焊和机器浸焊,如图5.35所示。

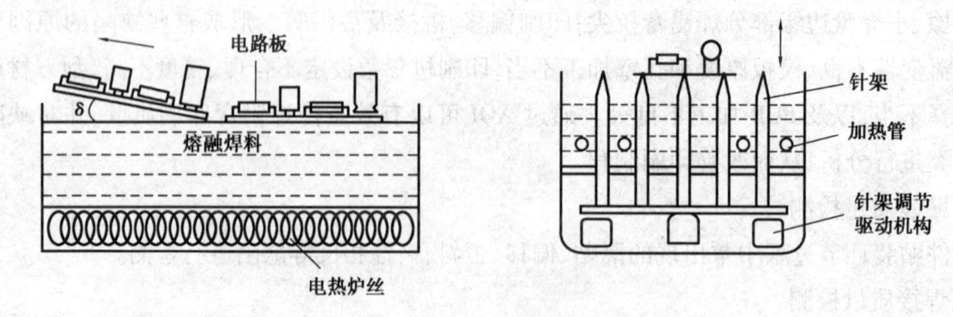

图5.35 浸焊技术

(1)**手工浸焊**

手工浸焊是由人手持夹具夹住插装好元器件的PCB,人工完成浸锡的方法,其操作过程如下:

①加热使锡炉中的锡温控制在250~280 ℃。

②在 PCB 上涂(或浸)一层助焊剂。

③用夹具夹住 PCB 浸入锡炉中,使焊盘表面与 PCB 接触,浸锡厚度以 PCB 厚度的1/2～2/3为宜,浸锡的时间为3～5 s;

④以 PCB 与锡面成5～10℃的角度使 PCB 离开锡面,略微冷却后检查焊接质量。如果有较多的焊点未焊好,要重复浸锡一次,对只有个别不良焊点的板,可用手工补焊。注意经常刮去锡炉表面的锡渣,保持良好的焊接状态,以免因锡渣的产生而影响 PCB 的干净度及清洗问题。

手工浸焊的特点是:设备简单、投入少,但效率低,焊接质量与操作人员熟练程度有关,易出现漏焊,焊接有贴片的 PCB 较难取得良好的效果。

(2)**机器浸焊**

机器浸焊是用机器代替手工夹具夹住插装好的 PCB 进行浸焊的方法。当所焊接的电路板面积大、元件多且无法靠手工夹具夹住浸焊时,可采用机器浸焊。

机器浸焊的过程为:线路板在浸焊机内运行至锡炉上方时,锡炉作上下运动或 PCB 作上下运动,使 PCB 浸入锡炉焊料内,浸入深度为 PCB 厚度的1/2～2/3,浸锡时间3～5 s,然后 PCB 离开浸锡位出浸锡机,完成焊接。该方法主要用于电视机主板等面积较大的电路板焊接,以此代替高波峰机,减少锡渣量,并且板面受热均匀,变形相对较小。

使用锡炉浸焊,由于焊料易于形成氧化膜,必须及时清理才能得到较好的焊接效果。此外,焊料与印制板之间大面积接触,时间长、温度高,既容易损坏元器件,还容易使印制板产生变形。因此,机器浸焊采用相对较少。

5.5.2　波峰焊技术

波峰焊是近年来发展较快的一种焊接技术,其原理是让插装或贴装好元器件的电路板与溶化焊料的波峰接触,实现连续自动焊接。波峰焊机如图5.36所示。

波峰焊接时:电路板与波峰顶部接触,无任何氧化物和污染物。因此,焊接质量较高,并且能实现大规模生产。按波峰形式,可分为单波峰焊接、双波峰焊接。按助焊剂的主要使用方式,可分为发泡式和喷雾式。

图5.36　波峰焊机

(1)**波峰焊工艺流程**

1)单机式波峰焊工艺流程

元件成型→PCB 贴胶纸(视需要)→插装元器件→涂覆助焊剂→预热→波峰焊→冷却→检验→撕胶纸→清洗→补焊

2)联机式波峰焊工艺流程

PCB 插装元器件→涂覆助焊剂→预热→波峰焊→冷却→切脚→刷切脚屑→涂助焊剂→预热→波峰焊→冷却→检验→清洗→补焊

3)浸焊与波峰焊混合工艺流程

PCB 插装元器件→浸涂助焊剂→浸锡→检查→手推切脚机→检查→装筐→上板→涂助焊剂→预热→波峰焊→冷却→检验→清洗→补焊

(2)**波峰焊接类型**

1)单波峰焊接

单波峰焊接是借助于锡泵将熔融的焊锡不断垂直向上地朝狭长出口涌出,形成高 10 ~ 40 mm的波峰。这样使焊锡以一定的速度与压力作用于 PCB 上,充分渗透入待焊的元器件脚与 PCB 之间,使之完全润湿并进行焊接。它与浸焊相比,可明显减少漏焊。由于焊料波峰的柔性,即使 PCB 不够平整,只要翘曲度在 3% 以下,仍可得到良好的焊接质量。单波峰焊接的缺点:波峰垂直向上的力会给一些较轻的元器件带来冲击,造成浮件或虚焊。由于设备价廉、技术成熟,在国内一般穿孔插装元器件(THD)的焊接已普遍采用。

2)双波峰焊接

双波峰焊接由于 SMD 没有 THD 那样的安装插孔,助焊剂受热后挥发出的气体无处散出,另外,SMD 有一定的高度和宽度,又是高密度贴装,而焊料表面有张力作用,因而焊料很难及时润湿渗透到贴装元件的每个角落,如果采用单波峰焊接,将会出现大量的漏焊和桥连,必须采用双波峰焊接才能解决上述问题。双波峰焊接在锡炉前后有两个波峰,前一个较窄(波高与波宽之比大于 1)峰端有交错排列的小峰头,在这样多头上下左右不断快速流动的湍流波作用下,助焊剂受热产生的气体都被排除掉,表面张力作用也被削弱,从而获得良好的焊接;后一波峰为双方向宽平波,焊锡流动平坦而缓慢,可以去除多余的焊料,消除毛刺、桥连等不良现象。双波峰焊接如图 5.37 所示。

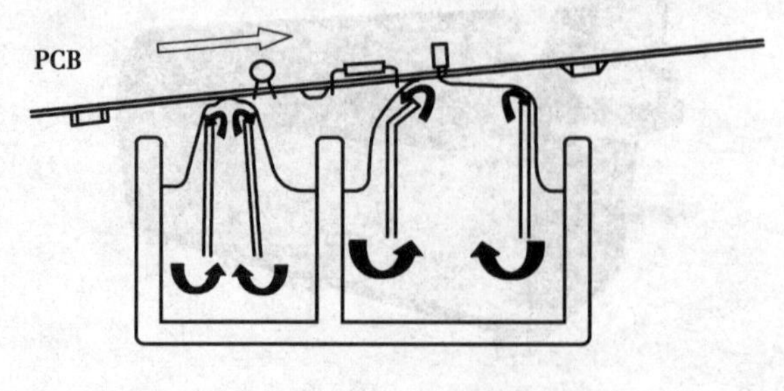

图 5.37　双波峰焊接

双波峰对SMD的焊接可以获得良好的效果,已在插贴混装方式的PCB上普遍采用。其缺点是:PCB经两次波峰,受热及变形量大,对元器件、PCB均有影响。

5.5.3 回流焊技术

回流焊接(或称回流焊)是将空气或氮气加热到一定温度后吹向已经贴好元件的PCB上,让元件焊接点的焊料融化后与PCB上的焊盘粘结的一种焊接技术。这种焊接方式的焊接温度易于控制,焊点不易氧化。由于SMD与SMT的发展,回流焊的应用范围日益扩大,其优点逐渐为人们所认识。回流焊机如图5.38所示。

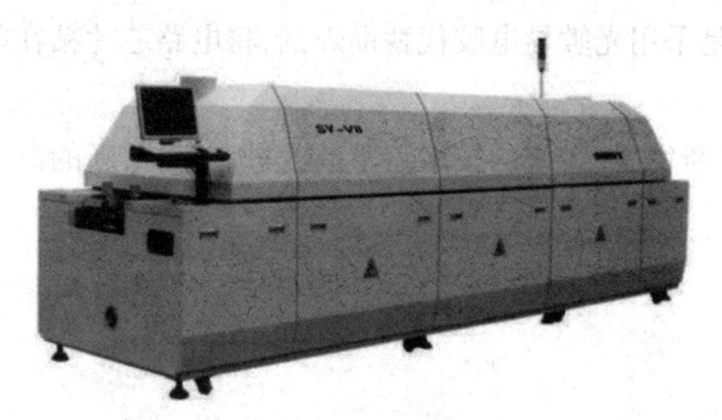

图5.38 回流焊机

(1)回流焊特点

①组装密度高、体积小、质量小;

②具有优异的电性能,由于短引线或无引线,电路寄生参数小,噪声低,高频特性好;

③具有良好的耐机械冲击和耐震动能力;

④表面贴装元件有多种供料方式,由于无引线或短引线,外形规则,适用于自动化生产,宜于实现高效率加工的目标。

(2)回流焊温度分布

回流焊温度分布曲线决定着回流焊的时间温度周期,直接影响焊接质量。一般温度的分布与电路板的特性、焊锡膏的特性以及回流焊机的能力有关。而焊锡膏主要是由锡粉(63% Sn/37% Pb)与助焊剂组成。温度分布曲线中$0\sim t_1$为预热区,$t_1\sim t_2$为(保温)活性区,$t_2\sim t_3$为回流区,t_3以后为冷却区。

①预热区:用于对板的加温,减少热冲击,挥发焊锡膏中的易挥发物。以2~3 ℃/s的速率将温度升高至130 ℃。

②活性区:该区域对电路板进行均热处理,提高助焊剂的活性,使整个电路板温度均匀分布,并慢慢升高至170 ℃左右。

③回流区:电路板的温度迅速提高,通过共晶点一直到210~230 ℃,时间为30~60 s。

④冷却区:焊锡膏中锡粉已经熔化润湿被焊表面,应该用尽可能快的速度来进行冷却,这样有助于得到明亮的焊点,并有好的外形,在生产中要定期对温度曲线进行校核或调整。

5.5.4　其他焊接技术

除了已介绍的几种焊接技术以外，在微电子器件组装中，超声波焊接技术、热超声金丝球焊接技术、机械热脉冲焊接技术等都有各自的特点。如新近发展起来的激光焊接技术，能在几毫秒的时间内将焊点加热到熔化而实现焊接，热应力影响小，可以同锡焊相比，是一种很有潜力的焊接技术。

随着计算机技术的发展，在电子焊接中使用微机控制的焊接设备已进入实用阶段。例如，微机控制电子束焊接已在我国研制成功；还有一种光焊技术已经应用在 CMOS 集成电路的全自动生产线上，其特点是采用光敏导电胶代替助焊剂，将电路芯片粘在印制片上用紫外线固化焊接。

随着电子工业的不断发展，传统的技术将不断改进和完善，新的高效率的焊接技术也将不断涌现。

第6章
综合实训案例

本章摘要:本章电子产品是在众多电子产品中精选出来的,可适应不同学科、不同专业、不同层次的学生开展实践教学训练,分别以收音机、有源音箱的、流水灯的设计与制作、抢答器、智能小车的设计与制作,介绍了包括硬件组装训练、手工焊接训练、电路原理设计、软件仿真等相关知识。

知识点:

①收音机原理的介绍。

②有源音箱的原理与安装。

③流水灯的设计与制作。

④抢答器的设计与制作。

⑤智能小车的设计与制作。

学习目标:

让学生掌握常见电子电路工作原理,学会简单电路的设计思路,学会仿真软件的应用。

6.1 超外差调幅调频收音机

超外差调幅调频收音机为集成电路调幅调频式收音机,其核心器件由 CXA1691BM 集成块构成,目前很多电子产品都采用了大规模集成电路为核心电路。集成电路收音机的特点是:结构比较简单、性能指标优越、体积小、灵敏度高、质量稳定、选择性好、耗电小等。超外差式调幅调频收音机外形如图 6.1 所示。

6.1.1 超外差式收音机

什么是超外差?超外差收音机中有一个振荡器称为本机振荡器,它产生的高频电磁波与

图 6.1　超外差式调幅调频收音机

所接收的高频信号混合而产生一个差频，这个差频是比高频信号低、比低频信号高的超音频信号，这种接收方式称为超外差。

收音机通过调谐回路选出所需的电台，送到变频器与本机振荡电路的本振信号进行混频，然后选出差频作为中频输出，我国规定 AM 中频为 465 kHz，FM 中频为 10.7 MHz，中频信号经过解调后输出音频信号，音频信号经低频放大、功率放大后获得足够的电流和电压，推动扬声器发声。

由混频器完成这样一个“输入信号载波频率”与“本机振荡载波频率”的差运算，是该收音机最显著的特点。

6.1.2　调幅收音机组成框图及各部分作用

超外差式调幅收音机的组成框图如图 6.2 所示。

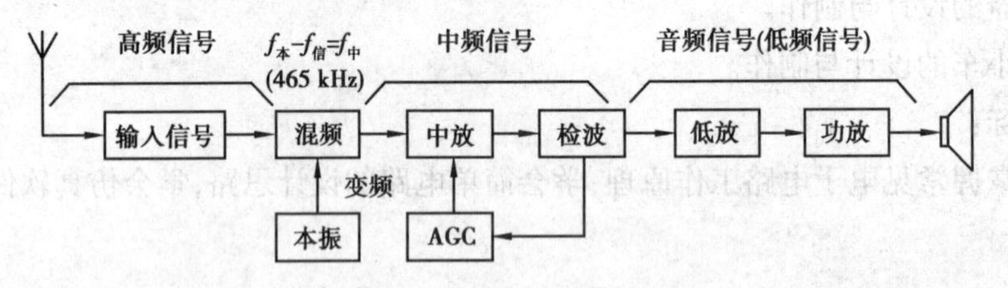

图 6.2　超外差式调幅收音机的组成框图

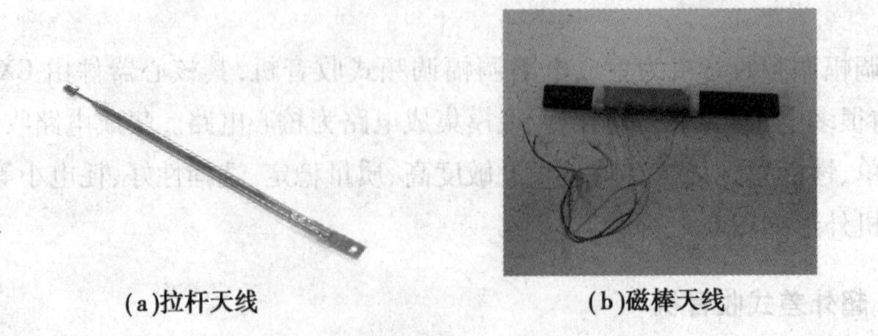

(a)拉杆天线　(b)磁棒天线

图 6.3　收音机常用的天线

(1)接收天线

接收天线的作用主要是感应空气中存在的电磁波,并将其变换成相应的电信号。该实习件用到的有拉杆天线和磁棒天线,如图6.3所示。收音机的调幅段使用的是磁棒线圈作为天线,磁棒天线的工作原理:应用法拉第电磁感应定律,当磁棒中的磁感应通量发生变化时,绕在磁棒上的线圈会产生感应电动势,在使用磁棒天线接收时,应该将磁棒的位置放在磁感应强度最大的方位上。一般磁棒天线应用在中短波频率上。

磁棒天线的形状主要是细长形,可以是扁的,也可以是圆形等。一般用在收音机、收录机和调谐器中,体积比较大,外形很有特点,容易识别。磁棒天线由磁棒和线圈绕组组成,在该实习件中,磁棒天线有2组线圈绕组,引线是4根,有时中间抽头在一起,看上去只有3根引线。

(2)输入回路

输入回路的作用是从接收天线上感应出各种电信号,将收音机所需要的某个电信号选择出来(即选台或选频),它相当于一个选通门,只允许所需要的电信号进入此门,其余不需要的电信号被拒之门外,一般由LC谐振电路来完成。

图6.4所示是典型的输入调谐电路。电路中的*L*1是磁棒天线的初级线圈,*L*2是磁棒天线的次级线圈,*C*1-1是四联电容的一联,为天线联,*C*2是高频补偿电容,为微调电容器。输入调谐电路采用了串联谐振电路,当输入信号频率等于谐振频率时,LC串联电路发生谐振,此时谐振电路的阻抗最小,并且为纯阻性,根据串联谐振电路其中一个重要特性,即电路发生谐振时,线圈两端的信号电压会升高许多(与品质因数Q有关),可以将微弱的电台信号电压大幅度升高。在选台的过程中,可以改变电容器的电容,从而改变输入调谐电路的谐振频率,这样只要有一个确定的可变电容的容量,就有一个与之对应的谐振频率,*L*2就能输出一个确定的电台信号,达到调谐的目的,调谐后的输出信号从二次绕组输出,加到变频级电路中。

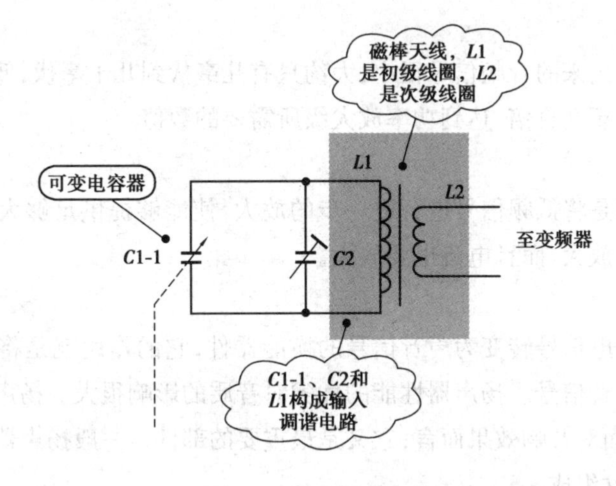

图6.4　输入调谐电路

(3)变频器

变频器的作用就是将输入回路选择出来的高频已调信号的载波频率变成一个频率较低且

固定不变的载波频率,就是上面提到的中频 465 kHz。整个过程,只改变频率,不改变已调信号所包含的信息特征。

变频器由三部分组成:本机振荡器、混频器和选频电路。本机振荡器的作用是产生一个高频信号,供给混频器进行频率变换使用;混频器是将本机振荡器产生的高频信号与输入回路选出来的高频已调信号进行频率变化,产生若干个新的不同载波的已调波信号;选频电路的作用是从混频器输出的若干个不同载波中选出所需要的中频信号。

(4)**中频放大**

收音机电路中变频以后得到的中频信号幅度较小,不能满足检波电路工作所需幅度要求,须将其送入中频放大器(简种中放)中进行信号电压放大,以便使信号幅度达到检波器正常工作所需要的幅度,使检波器工作,还原出音频信号;同时,中放还要接收来自 AGC 电路的自动增益信号控制,达到保证收音效果稳定的目的。

(5)**检波**

检波器的作用有两个:一是将所需的低频信号从调制信号中解调出来,即把中频调制信号还原成音频信号;二是将检波后的直流分量送回中放级,控制中放级的增益。检波电路输出三种信号成分:音频信号、直流分量和中频载波。音频信号是需要的信号,将耦合到后级进行处理;直流分量在收音机电路中用来控制中频放大器的放大倍数;中频载波信号是一无用信号,通过接在检波电路输出端的高频滤波电容将其滤掉。

(6)AGC(**自动增益控制**)

收音机的自动增益控制是利用检波器输出的直流电压成分加到中放的基极上,控制它基极的偏执,从而改变中放增益大小,使得收音机音量不因输入信号强弱而发生时大时小的变化,因此,加入 AGC 控制电路完成强弱电台的调节。

(7)**前置低放**

经过检波后还原出来的音频信号很小,大约只有几毫伏到几十毫伏,低频放大的任务就是将它的电压放大几十至几百倍,达到功率放大级所需要的数值。

(8)**功率放大**

功率放大的作用是将低频信号进行进一步的放大,使能够提供足够大的功率去推动扬声器发声。不仅电压要放大,而且电流也要放大。

(9)**扬声器**

扬声器是一种将电信号转变为声音信号的换能器件,它的作用就是将功率放大后的音频信号转换成相应的声音信号。扬声器性能的优劣对音质的影响很大。扬声器在音响设备中是最薄弱的一个器件,而对音响效果而言,它又是最重要的部件。一般扬声器由磁铁、框架、定心支片、模折环锥型纸盆组成。

6.1.3 调频收音机组成框图及各部分作用

超外差调频收音机的组成框图如图 6.5 所示。它也采用了超外差式,由输入回路、高频放大、混频、本振、中放、鉴频、自动频率控制、低放和音频放大组成。相比调幅收音机，调频收音机在混频前多了一个高放级，检波变成了鉴频，自动频率微调取代了自动增益控制，而且是加载在本机振荡上，鉴频后增加了去加重低通，其余部分基本与调幅收音机相同。

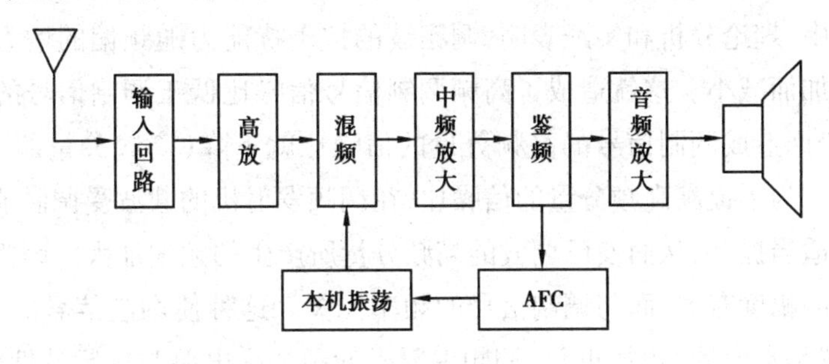

图6.5　超外差调频收音机组成框图

(1)**接收天线**

调频收音机的接收天线是拉杆天线，拉杆天线的工作原理与磁棒线圈天线不同，拉杆天线主要是依靠在拉杆天线两端电场的变化，使得导体两端形成感应电荷，而将无线电信号送到接收机里。因此，在使用拉杆天线时，应该将它放置在电场强度最强的方位上。

(2)**高频放大**

高频放大的作用是将经输入回路选出的所需要接收的高频已调波信号进行放大，提高信噪比，从而达到提高整机灵敏度之目的。

调频收音机之所以具有高频放大(实际上是高频小信号调谐放大器)，而普通的调幅收音机是没有的，这是由于调频收音机工作于超短波波段，而超短波的传播距离近，对调频收音机的灵敏度要求十分高；同时，由于工作频率高，机内噪声对整机灵敏度的影响比中、短波大得多。在超外差式收音机中，变频级是机内噪声的主要来源之一，因本机振荡器实质上是一个具有一定频带宽度的正反馈放大器，它不仅将本振信号送入混频器中与外来信号(欲接收的高频已调波信号)差出中频信号，而且还会把本振级的高频噪声也送入混频器中，与变频级之前来的高频噪声差出中频噪声进入中频放大器。因此，调频收音机中增设高频放大后，可以提高到达变频级之前的高频已调波信号与高频噪声比值(即高频信噪比)，从而明显提高整机的灵敏度。

(3)**中频放大器**

中频放大器作用与调幅基本相同，但就中频放大器本身而言，调频的中频放大器与调幅的中频放大器相比，却有着本质上的区别。调频收音机的中频放大器实质上是中频限幅放大器，随着信号强度的增强，中放各级从后向前依次进入限幅放大状态。这种限幅作用也是调频收音机抗干扰能力强的关键因素，因为这种限幅作用有两个好处：其一，切除掉叠加在振幅上各种天电及工业干扰，而这种切除不损害已调频波所含有的信息特征；其二，利用限幅器的强抑弱特性，可抑制比有用载波小的调频干扰和噪声干扰。因此，调频收音机的抗干扰和信噪比均比调幅收音机有显著提高。

对调频收音机而言,我国调频广播标准中规定调频的中频,从中频频率的数值来看,调频收音机要比调幅高得多。

(4)**去加重与低通**

在调频广播中,理论分析和实践表明,调频波的抗干扰能力随频偏的增大而增强,但随调制信号的频率增加而减小。这就造成了高频调制信号信噪比低于调制信号的信噪比,如果不采取适当措施,变回造成调制信号的高频分量的信噪比就下降(高频分量的灵敏度下降),从而造成高频失真。为了提高高频分量的信噪比,在调频发射机的载波受调制前,特意使调制信号高频分量得到适当提升,从而使已调波的高频分量所产生的频偏加大。因为调频时,频偏的大小与调制信号的幅度有关,而与调制信号的频率无关。这种使调制信号的高频分量得到适当提升的办法,就是常说的“预加重”。调频发射机的预加重电路与幅频特性曲线如图 6.6 所示。调频收音机的去加重与低通,就是为了保证在解调后不至于因在发射端的预加重而造成接收端高频分量过冲而产生信号失真。这是调幅收音机所没有的,去加重电路与幅频特性如图 6.7 所示。

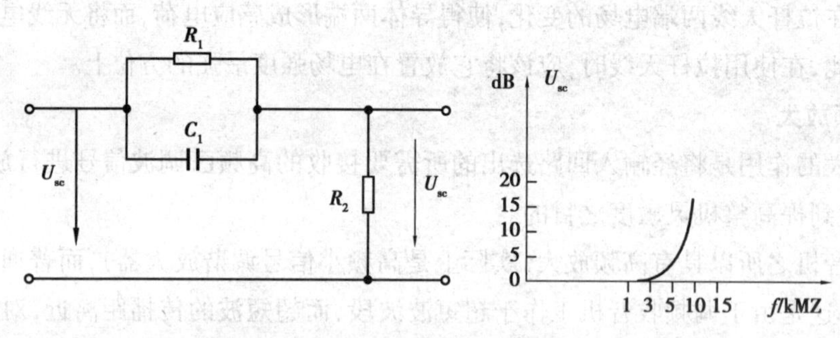

图 6.6　预加重电路与幅频特性

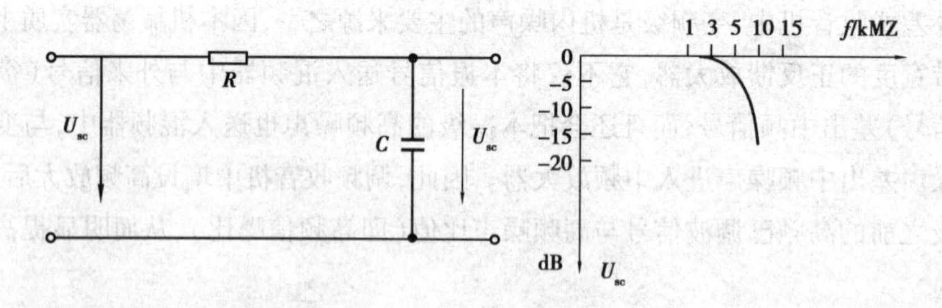

图 6.7　去加重电路与幅频特性

(5)AFC(**自动频率控制电路**)

自动频率控制电路 AFC 在调频收音机中用于改善解调质量。鉴频器对输入信噪比有一个门限要求:当输入信噪比高于解调门限,则解调后的输出信噪比较大;当输入信噪比低于解调门限,则解调后的输出信噪比急剧下降。因此,为了保证解调质量,采用 AFC 控制电路。

在调频收音机中,AFC 可自动调节本机振荡频率,防止本振频率飘逸,从而保证变频后能得到准确的 10.7 MHz 的中频信号,进而保证经鉴频器解调出来的原始调制信号不至于产生失真。

6.1.4 超外差式收音机工作原理

在实训中所用的收音机是一种50型AM/FM双波段收音机,它的核心器件由大规模集成电路CXA1691M担任,表6.1是集成块CXA1691M的引脚功能定义,该集成电路是索尼公司的产品,28脚贴片式集成电路,具有电源电压适应范围比较广、失真小、对温度实用性强等特点,内部有中频、音频放大电路,输出功率大而功耗低。另外,其内部还带有AGC的射频放大器、混频器、振荡器,AFC的射频放大器、混频器、振荡器,以及中频放大器和LED驱动器等。在该集成电路的外围多以电感、电容、电阻及一些可调元件为主,组成各种控制、谐振、滤波、耦合等电路。超外差调幅调频收音机电路原理图如图6.8所示。

表6.1 集成块CXA1691M的引脚功能定义

引出脚号	功 能	引出脚号	功 能
1	静音	15	FM/AM选择开关
2	FM移相	16	AM中频输入
3	反馈	17	FM中频输入
4	音量控制	18	空脚
5	调幅本振	19	调谐指示
6	自动频率控制	20	中频地
7	调频本振	21	AFC AGC
8	基准源输出	22	AFC AGC
9	FM RF调谐线圈	23	检波输出
10	AM射频输入	24	功放输入
11	空脚	25	纹波滤波
12	FM射频输入	26	电源
13	高频地	27	功放输出
14	FA/AM中频输出	28	地

调频波和调幅波的共同点都是将音频信号去调制高频载波信号,不同的是调制方式,调幅波是音频信号去控制高频载波的幅度,而调频波是音频信号控制高频载波的频率,如图6.9所示。

(1)AM的工作原理

广播电台发射出来的调制信号,经过磁棒天线T1感应出来,T1与四联电容上的一联CA构成谐振回路,改变四联电容可选择调幅频率535~1 605 kHz的广播电台,选出的信号通过送入集成块的第10引脚与集成块内部的本振信号进行混频,本振信号由集成块内部电路与第5引脚外接的谐振电路产生。混频后的信号由集成块的第14引脚中放输出多种频率的组合信

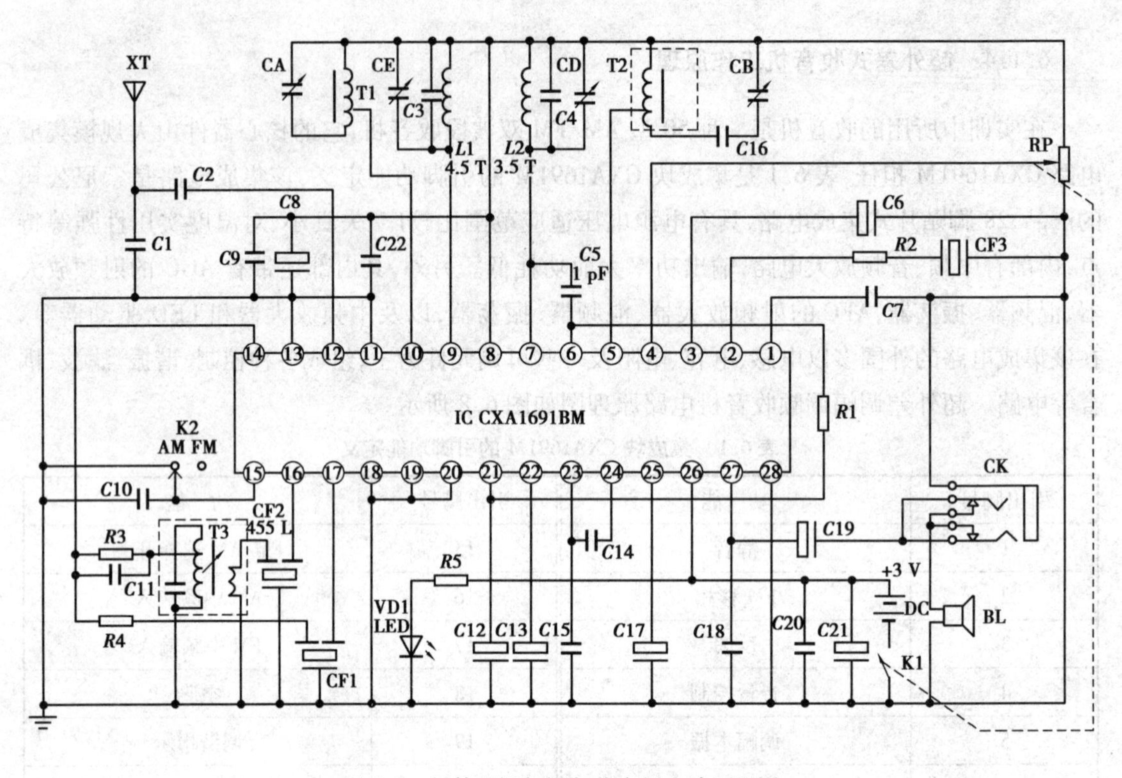

图 6.8　超外差调幅调频收音机电路原理图

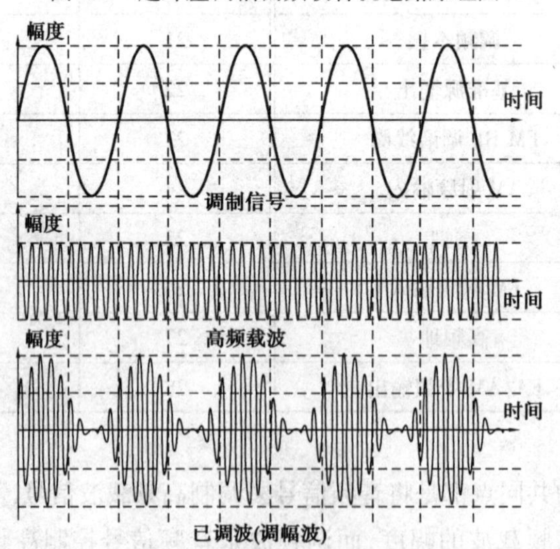

图 6.9　信号的调制

号,由中周 T3 和 455 kHz 的陶瓷滤波器构成的中频选频电路对信号进行选频滤波,只允许 455 kHz的中频信号通过,再经第 16 引脚送入集成块内部进行中频放大,放大后的中频信号在集成块内部完成检波,检波后的音频信号通过集成块的第 23 引脚输出,通过 *C*14 的瓷片电容耦合到集成块第 24 引脚,送入集成块内部进行前置低放和功率放大,再从第 27 引脚输出,经 *C*19 的电解电容耦合到扬声器和耳机。

1 脚为静噪滤波，外接瓷片电容 *C*7，3 脚所接电容 *C*6 为功率放大电路的负反馈电容，4 脚为直流音量控制端，通过改变引脚电位器阻值来控制差动放大器的放大倍数。集成块的 25 脚接 *C*17 的一个电解电容，它是功率放大电路的自举电容，以提高 OTL 功放电路的输出动态范围，26 脚为供方电路供电端，外接 *C*20 和 *C*21 两个电容，分别为电源的高频滤波和低频滤波，*C*18 是一只高频滤波电容，它主要是防止高频成分送入扬声器。

（2）**FM 的工作原理**

拉杆天线感应到广播电台发射出来的各种调频信号，通过 *C*1、*C*2 组成的带通滤波器进行选频，88 ~ 108 MHz 的高频信号通过，并将调频信号耦合到集成块第 12 脚送入集成块内部进行高频放大，放大后的高频信号通过集成块的第 9 脚输出，CE、*C*3、*L*1 外围元器件构成调谐回路，与集成块第 7 脚外接的 *L*2、CD、*C*4 组成的本机振荡进行混频，混频后的信号由集成块第 14 脚输出，多种频率的信号经 *R*4 耦合至 CF1 的10.7 MHz的陶瓷滤波器进行滤波，得到10.7 MHz 的中频调频信号，通过集成块第 17 脚进行 FM 中频放大，放大后的中频信号在集成块内部完成鉴频，集成块第 2 脚外接 10.7 MHz 的鉴频滤波器与 *R*2 组成鉴频回路，鉴频后得到的音频信号经集成块第 23 脚输出。FM 收音机的低频放大部分和 AM 共用，在电路原理上是相同的，这里就不做复述。

6.1.5 收音机的安装

（1）**清点元器件**

按照收音机材料清单表 6.2 清点零件、品种、规格及数量。

表 6.2 收音机材料清单

元 件	参 数	数 量	标 号	元 件	参 数	数 量	标 号
集成电路	CXA1691	1	IC	电阻	2.2 kΩ	1	R3
发光二极管	红色	1	VD1	电阻	100 kΩ	1	R1
振荡线圈	红色	1	T2	瓷片电容	1 pF	1	C5
中频变压器	黄色	1	T1	瓷片电容	15 pF	1	C3、C4
磁棒及线圈	4 mm × 8 mm × 80 mm	1	T1	瓷片电容	30 pF	1	C1、C2
滤波器	10.7 MHz	1	CF1	瓷片电容	150 pF	1	C16
滤波器	455 kHz	1	CF2	瓷片电容	220 pF	1	C11
鉴频器	10.7 MHz	1	CF3	瓷片电容	0.01 μF	1	C9、C10、C22
空心电感	3.5 T	1	L2	瓷片电容	0.022 μF	1	C15
空心电感	4.5 T	1	L1	瓷片电容	0.1 μF	1	C7、C14、C18、C20
扬声器	0.5 × 8 W	1	BL	电解电容	4.7 μF	1	C6
电位器	50 kΩ	1	RP	电解电容	10 μF	1	C8、C12、C13、C17

续表

元　件	参　数	数　量	位　号	元　件	参　数	数　量	位　号
电阻	100 Ω	1	R4	电解电容	220 μF	1	C19、C21
电阻	150 Ω	1	R2	四联电容	443 pF	1	C(A、B、D、E)
电阻	510 Ω	1	R5	波段开关		1	K2

(2)**安装前的检查**

①观察各元器件有无表面损伤。

②用万用表测量电阻值是否正确,二极管有无短路、断路、漏电,判断电解电容应的极性,测量振荡线圈和变压器的好坏,以及测量音量电位器的好坏等。

③在焊接之前,检查将要焊接的 PCB 的焊盘、元件的引脚是否有被氧化的痕迹,如果有,要将表面的氧化层刮掉,保证被焊工件的可焊性。

(3)**安装过程注意事项**

在安装过程中,应当遵循先低后高,先小后大,先轻后重的原则。

在印制电路板的元件面仔细看清各元件编号和引脚位置,根据这些标记将元件插入对应的孔中,在插入元件的过程中,注意以下几点:

①插入元件过程中,首先将电路板上印制的电路符号与所插入的元件相对应,不要插错位置。特别注意两个中周(振荡线圈和中频变压器),这两个的实物很相似,可以通过中周外壳顶上的颜色来判断,振荡线圈为红色,中频变压器为黄色。

②注意有极性的元器件,在安装时引脚的位置是不能互换的。例如,电解电容,电路符号和印制板上对应符号如图 6.10 所示,如果将电解电容引脚位置互换,会引起漏电故障,在电压足够大的情况下,电解电容还可能会爆炸。

③一些元件的引脚孔会有固定的方向,如果反了是插不进去的。例如,中周,一边三只引脚,另一边两只引脚,如果反了无法插入孔中。

④瓷片电容和电阻是没有极性的,在安装时可不分,任意方向插入两只引脚即可。

⑤如果电路板上元器件引脚之间的距离足够,一般采用卧式安装法,如果间距太短,就采用立式安装法,如图 6.11 所示。

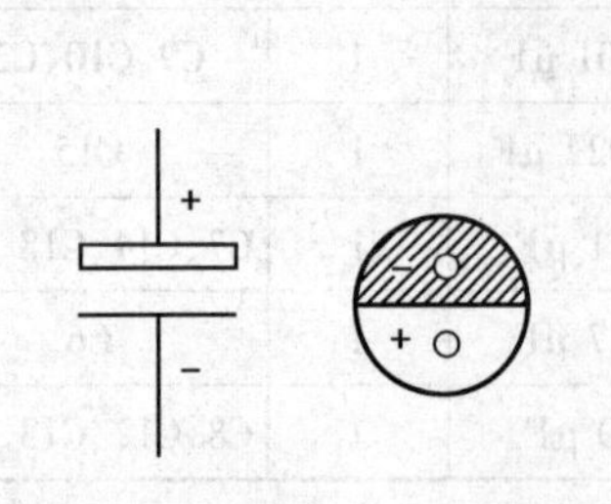

图 6.10　电解电容正负极的判断

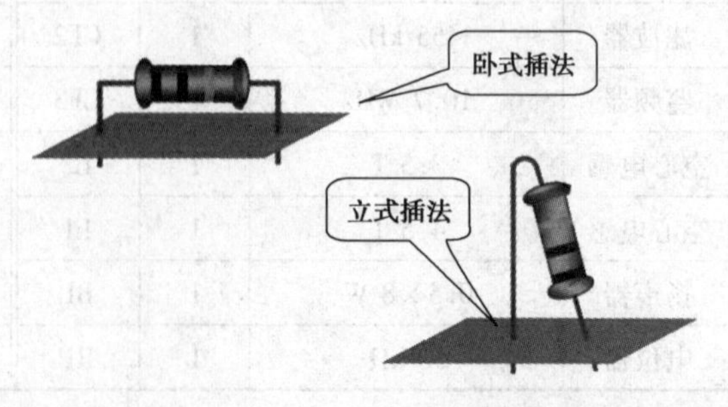

图 6.11　立式安装与卧式安装法

⑥剪脚。在焊接的过程中,由于元器件引脚过长,应当减掉部分引脚,否则,在装配好电子产品时会因引脚过长而发生短路故障。剪脚的长度要适中,不能太短,也不能留得太长。

6.1.6　超外差收音机常见故障及维修

在收音机焊接完成后,首先要进行如下检查:

①检查元器件的参数、型号,看安装的位置是否正确。

②检查有极性的元器件是否装反(如电解电容、发光二极管等)。

③滤波器、鉴频器的引脚定义弄清楚,有无安装错误。

④检查振荡线圈和中频变压器位置是否装反。

⑤检查磁棒线圈的引线,初级、次级位置是否安装正确。

⑥检查焊点是否有漏焊的情况。

⑦检查是否有焊盘脱落的情况,用镊子轻轻地晃动焊点。

(1)**无声**

【诊断依据】

①完全无声。故障部位可能发生在电源、扬声器、输出耦合电容等。

②有一点"沙沙"声。可根据旋动音量电位器来诊断故障部位,旋动音量电位器时"沙沙"声不变,故障多出在低放级;如果"沙沙"声随音量电位器的变化而变化,则故障出在检波级之前。

【诊断过程】

①查看电源开关及引线、扬声器、耳机插座是否正常,如果异常,则更换。

②有微弱的"沙沙"声,看是否随音量电位器控制变化,如果没有变化,则放大电路可能有故障。

③若随变化,检查输入回路和变频级。

(2)**声音小**

【诊断依据】

①收到台数没有减少,但收音机的音量却显著减少,故障在低放部分。

②收到台数显著减少,只能收到强台信号,说明收音机增益不够,即收音机灵敏度低,其故障是检波级以前的电路工作不正常。

【诊断过程】

①用信号发生器给1 kHz的标准信号,注入IC23脚,用示波器测试扬声器两端,看输出波形和幅度是否正常。如果正常,则低频放大电路是正常的;如果不正常,则中放电路有故障。

②查看接收台数是否减少,如果减少,则是灵敏度低。

(3)**失真**

【诊断依据】

①声音失真。通常表现为声音沙哑难听,其故障为扬声器不良或安装不良引起的共振。

②频率失真。其表现为音尖、刺耳,着重检查输入回路和中放负载。

【诊断过程】

电声转换失真,检查装饰面板等安装是否紧凑。如果没问题,更换面板;如果不紧凑,则紧固装饰面板。

(4)**啸叫**

【诊断依据】

①低频啸叫。故障原因一般可能是电池电压太低,电源滤波电容失效,退耦电阻短路,音量电位器接错而产生正反馈,以及输入变压器线头接反等。

②中频啸叫。电容开路引起啸叫,扬声器会出现“吱吱”声,调到电台位置附近便发出尖叫。三极管电流放大系数太大、静态工作点不正常等引起的整个频率段都有的中频自激啸叫。

【诊断过程】

①低频啸叫。检查电源电压是否正常,如果正常,更换 $C20$、$C21$;如果不正常,则更换电池。

6.1.7 超外差收音机的检测与调试

(1)**整机电路工作状态初步判断**

当收音机焊接完成之后,在没有确定收音机是否正常的情况下,直接打开电源很可能因为收音机故障而烧坏电子元器件。因此,应当在通电前对收音机进行检测。

1)测量整机电阻

在开机前,首先应当测量收音机的整机电阻。正常情况,收音机的整机电阻至少有几千欧,如果测出的结果太小,说明收音机内部可能存在短路的情况,此时开机可能会烧坏电子元器件,因而应当在开机前测量整机电阻,可以将收音机电路当成一个大电阻,测量接线如图 6.12 所示。

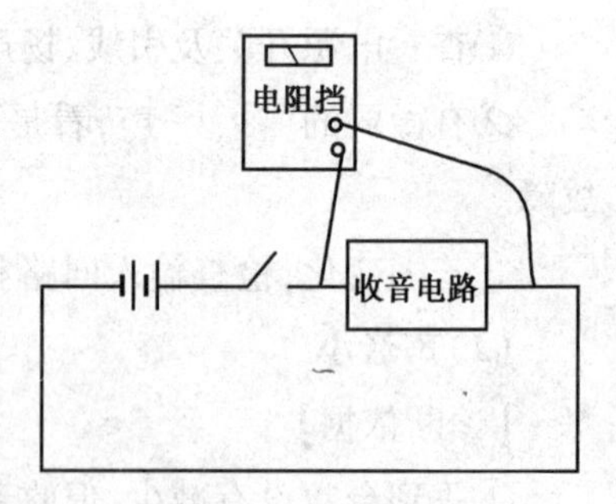

图 6.12 测量接线示意图

2)集成电路各脚在路电阻测量

检查集成块脚与脚、脚与外围电路元件有无开路、短路,器件装接是否有误,通过检测集成电路的在路电阻,找到关联元器件,将故障排除在通电前。

将万用表量程调至合适的挡位,表笔调零后,分别以黑表笔接地、红表笔分别接触集成电路的各引脚,测量其电阻,如果测量结果误差太大,则应检查集成块引脚与外围电路是否有短接、短路的情况。CXA1691M 各脚在路电阻阻值测量结果参考表 6.3。

表6.3　CXA1691M 各脚在路电阻阻值/Ω

脚位号	1	2	3	4	5	6	7	8	9	10	11	12	13	14
红(黑地)	90	11×10^3	150	—	85	—	85	85	85	85	0	40	0	150
黑(红地)	—	35×10^3	—	500	100	600	600	600	—	600	0	900	0	900
脚位号	15	16	17	18	19	20	21	22	23	24	25	26	27	28
红(黑地)	130	900	750	0	—	0	120	135	140	150	150	75	70	0
黑(红地)	12.5×10^3	1.75×10^3	1.4×10^3	0	—	0	40×10^3	16×10^3	32×10^3	13×10^3	13×10^3	520	50×10^3	0

3)测量静态工作电流和电压

静态是指收音机在没有收到任何电台,并且将收音机音量调到最小状态时测出的工作电流或电压。

①静态工作电流测量

可以利用整机直流电源开关,在开关断开的状态下,将万用表的表笔串联在收音机电路中来测量,在测量之前应选择好合适的量程。如果测出的结果电流过大,很可能收音机内部存在短路故障;如果测出的结果电流太小,很可能焊点存在虚焊或断路。正常情况下,收音机的静态工作电流为毫安级。

②静态工作电压测量

将万用表的红表笔接集成块的各引脚,黑表笔接地(电源负极),所测得的结果可以对照表6.4CXA1691M 各脚静态电压参考值,如果电压值与参考值相差太远,则应当检查与此引脚相连的外围元件,看是否有短路、断路故障。

表6.4　CXA1691M 各脚静态电压参考值

脚位号	1	2	3	4	5	6	7	8	9	10	11	12	13	14
FM 电压/V	0	2.18	1.5	1.25	1.25	1.25	1.25	1.25	1.25	1.25	0	0.3	0	0.36
AM 电压/V	0	2.7	1.5	1.25	1.25	—	1.25	1.25	1.25	1.25	0	0	0	0.2
脚位号	15	16	17	18	19	20	21	22	23	24	25	26	27	28
FM 电压/V	0.84	0	0.34	0	0	0	1.25	1.25	1.25	0	2.71	3.0	1.5	0
AM 电压/V	0	0	0	0	0	0	1.49	1.25	1	0	2.71	3.0	1.5	0

(2)收音机频率范围(波段覆盖)和跟踪(频率刻度校准)的调试

1)频率范围的调整

频率范围的调整就是旋动调谐拨盘,从最低频率到最高频率之间,恰好包括了整个接收频段。例如,AM 是 535 ~ 1 605 kHz,FM 是 88 ~ 108 MHz。

使用高频信号发生器调整频率范围的步骤如下：

①打开高频信号发生器及音频毫伏表的电源并预热5 min左右。

②打开收音机电源，将调谐盘旋到收音机接收频率的最低端，调节本振回路的振荡线圈，音频毫伏表的指示最大（扬声器声音最响）；FM调节电感$L2$。注意：此时，如果是AM，信号发生器的频率应当是535 kHz，波段开关应在AM挡上，且信号连接应在磁棒线圈上；如果是FM，信号发生器的频率应当是88 MHz，波段开关应在FM挡上，且信号连接应在拉杆天线上。

③将四联电容调谐盘全部旋出，信号发生器输出频率调整为相应挡（AM时调整为1 605 kHz，FM挡时调整为108 MHz），调节本振回路的微调电容，AM调CB，FM调CD。同样看音频毫伏表的指示最大，或扬声器听到的声音最响。

④将②、③步骤反复几次，达到最佳状态为止，频率范围调整便完成了。

2）跟踪（频率刻度校准）的调整

在超外差收音机中，外来信号（即欲接收的电台信号）与本振信号的差值是固定不变的。

调幅AM的中频是由本振与输入回路频率的差值得到的，而调频FM的中频是由本振与高放负载回路频率的差值来保证的。

为了使整个波段内能取得基本同步，实际上采用的是三点跟踪办法，即在设计本振回路和输入回路或高放回路时，要求它们在中间频率处（AM中波为1 000 kHz，FM中波为98 MHz）到达同步，即要求调整电感量以及调整输入回路中的微调电容量来使得在两个频率点上保证同步。

三点式跟踪的三个频率点如下：

AM收音机中为：

600 kHz、1 000 kHz、1 500 kHz

FM收音机中为：

98 MHz、106 MHz、108 MHz

①三点式AM跟踪调整步骤如下：

A. 低频调试步骤：

a. 收音机的波段开关调至AM；

b. 调谐盘拨指针至低端600 kHz；

c. 高频信号发生器信号源指针调到600 kHz；

d. 调T1（磁棒天线）。

B. 高频调试步骤：

a. 调谐盘拨指针至高端1 500 kHz；

b. 高频信号发生器信号源指针调到1 500 kHz；

c. 高频信号发生器频率选择AM；

d. 调C1。

②三点式FM跟踪调整步骤如下：

A. 低频调试步骤：

a. 收音机的波段开关调至 FM 波段；

b. 调谐盘拨指针至低端 98 MHz；

c. 高频信号发生器频率选择 FM 波段。

d. 高频信号发生器信号源指针调到 98 MHz；

e. 调 L1(4.5T)。

B. 高频调试步骤：

a. 调谐盘拨指针至高端 108 MHz；

b. 高频信号发生器信号源指针调到 108 MHz；

c. 调 CE。

图 6.8 中 L1 的调整非常重要，它直接影响到收台的多少。当拨动 L1 仍收不到台，在排除故障的可能下，可以适当地增加线圈数来达到满意的效果。

总之，上述调试过程中每一步都是从低端开始，后调试高端，这种顺序不能搞错，而且每一步调试需要反复调试几次，因为高端和低端是一个非线性关系，它们之间会相互影响，只有多调几次才能减小误差。

无论是输入调谐电路还是本振调谐电路，都是低端调电感、高端调电容，这是因为低端电感量大小对谐振频率影响更为敏感，而在高端，电容量大小对谐振频率影响更为敏感。

(3) **电路单元检测**

在完成收音机的调试后，可以采用单元电路检测来验证调试的结果和收音机能否正常工作，通过单元电路的检测，可以判断哪一个单元电路有故障，从而达到故障检修的目的。

在该检测中，使用到的仪器是数字收音机测试仪，它可以输出从 10 kHz ~ 300 MHz 频率范围的信号，并可以叠加调频、调幅功能。可通过菜单切换分别进行收音机的鉴频器测量或音频测量。

1) 测量 10.7 MHz 滤波器

通过该步骤测量，观测 10.7 MHz 带通滤波器是否满足功能要求。

①仪器参数设置

a. 带宽：菜单中设置信号源的输出频率参数。中心频率为 10.7 MHz，扫描带宽为 0.8 MHz。

b. 功率：菜单中设置信号源的输出功率为 -20 dBm。

c. 通道：设定“通道选择”参数为通道 1。

②仪器与收音机连接说明

按照如图 6.13 连接好测试仪器和收音机中 CXA1691BM 芯片的引脚。仪器的信号源输出连接到 CXA1691BM 的 14 脚(AM/FM 中放输出)，仪器的输入通道 1 连接到 CXA1691BM 的 17 脚(FM 中放输入)，测量 10.7 MHz 滤波器特性。注意：两个探头的地线要连接到收音机的地。

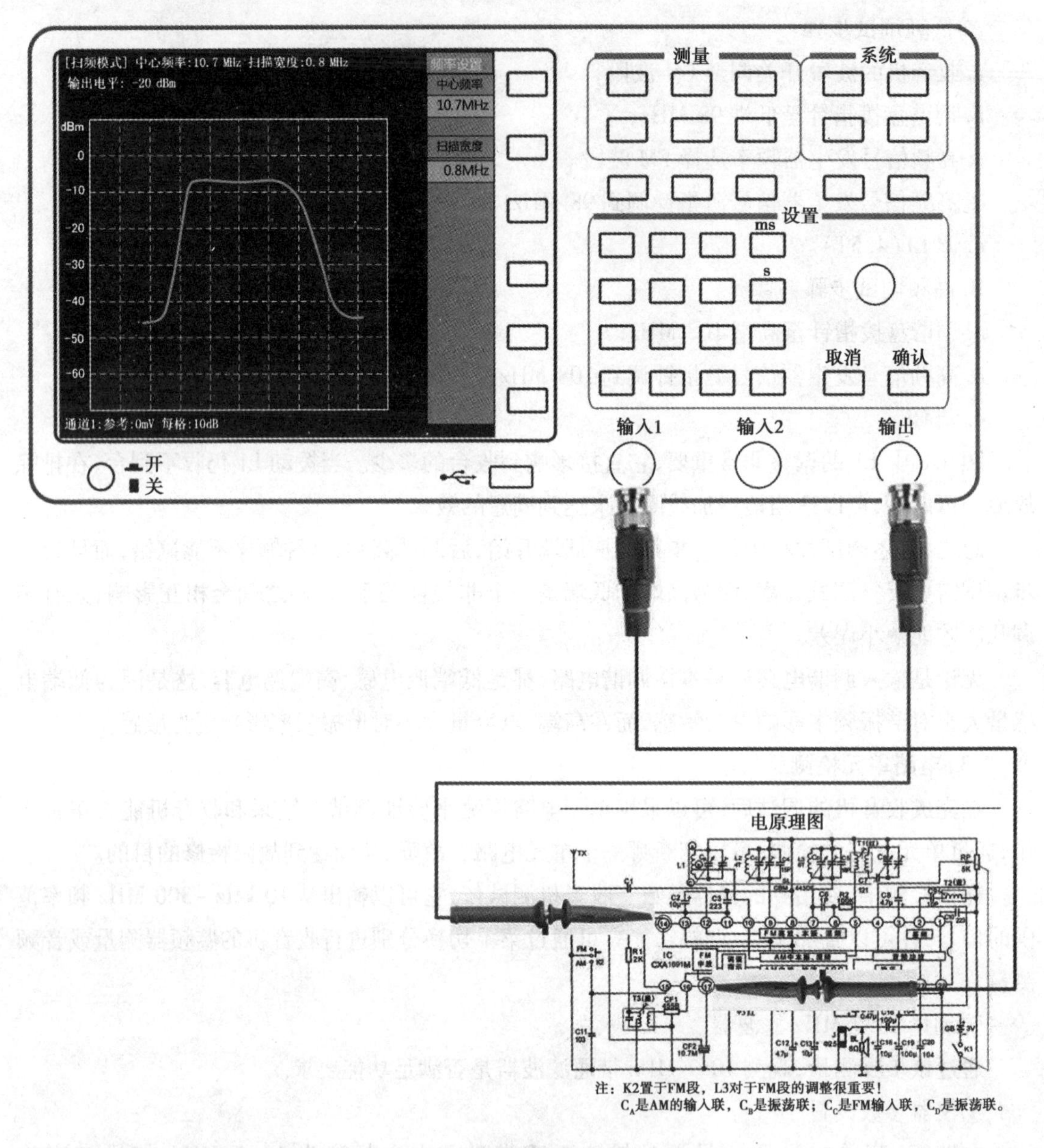

图 6.13　数字收音机测试仪接线示意图

③观测记录数据

正确的波形形状如图 6.13 的屏幕显示，观测并记录显示波形。

2）10.7 MHz 滤波器和鉴频器功能测试

通过该步测量可检测中频滤波、中频放大和中频检波三个单元模块功能的正确性。

①仪器参数设置

a. 带宽：菜单中设置信号源的输出频率参数，中心频率为 10.7 MHz，扫描带宽为0.8 MHz。

b. 功率：菜单中设置信号源的输出功率为 –20 dBm。

c. 通道：菜单中“通道选择”设定通道 2 作为输入通道，并且测量对象为“鉴频器测量”。

②仪器与收音机连接说明

仪器的信号源输出连接到CXA1691BM的14脚(AM/FM中放输出),仪器的输入通道2连接到CXA1691BM的23脚,测量10.7 MHz滤波器和鉴频器特性。注意:两个探头的地线要连接到收音机的地。观察和记录仪器上所显示的波形。

3)10.7 MHz滤波器和鉴频器功能测试

通过该步测量可检测输入回路、中频滤波两个单元模块功能的正确性。仪器信号源从天线注入,测量调谐选择、变频功能和10.7 MHz的带通滤波器,通过该步骤测量,观测各单元模块是否满足功能要求。由于要准确调整收音机的调谐旋钮,使之对应仪器设置的信号源输出频率。如果误差过大,会导致测量结果无法达到预期,因而难度较大。

①仪器参数设置

a.带宽:菜单中设置信号源的输出频率参数。中心频率为100 MHz,扫描带宽为5 MHz。

b.功率:菜单中设置信号源的输出功率为-20 dBm。

c.通道:菜单中“通道选择”设置通道1作为输入通道。

②仪器和收音机连接说明

仪器的信号源输出连接到收音机的天线端,仪器的输入通道1连接到CXA1691BM的17脚,测量10.7 MHz滤波器特性。

③操作步骤

缓慢调节收音机的调谐旋钮,可以观测出屏幕上滤波特性曲线随之左右移动,使滤波特性曲线的峰值位于屏幕水平线的中间。

4)10.7 MHz输入回路、变频、中放和检波单元测试

通过该步测量输入回路、变频、中放和检波单元模块功能的正确性。仪器信号源从天线注入,通过集成块第23脚输入到仪器内部。由于要准确调整收音机的调谐旋钮,使之对应仪器设置的信号源输出频率。如果误差过大,会导致测量结果无法达到预期,因而难度较大。

①仪器参数设置

a.带宽:菜单中设置信号源的输出频率参数。中心频率为100 MHz,扫描带宽为0.8 MHz;

b.功率:菜单中设置信号源的输出功率为-20 dBm;

c.通道:菜单中设置通道2作为输入通道,并且测量对象为鉴频器。

②仪器与收音机连接说明

仪器的信号源输出连接到收音机天线端,仪器的输入通道2连接到CXA1691BM的23脚,测量10.7 MHz滤波器特性。

5)收音机整体功能测试

①仪器参数设置

a.通道:菜单中设置通道2作为输入通道,并且测量对象为音频测量。该参数设置后,仪

器的信号源输出会自动从扫频模式切换到调制模式(调频/调幅可选,默认为调频)输出。如果设置为鉴频器测量或选择通道1,则信号源自动从调试模式切换到扫频模式,输出信号不带调制。

b. 频率:菜单中设置信号源的调制频率参数。调制模式为"调频模式",载波频率为100 MHz,调制频率为400 Hz,调制深度为50%。

②仪器与收音机连接说明

仪器的信号源输出连接到收音机天线端,仪器的输入通道2连接到扬声器输出端。

③操作步骤

a. 当波形不在水平中间线上时,可以调整"通道"菜单中的"偏置电平",使得曲线移到水平中间线上。

b. 修改"频率"菜单中的"调制频率",400 Hz切换到1 kHz,可以听出收音机扬声器频率的变化。

c. 旋转收音机的音量旋钮,可以观测出波形大小的变化以及扬声器声音的变化。

6.2 有源音箱

该有源音箱是由集成电路TDA2822构成的双声道音频功率放大器,通过制作本产品,可深入了解音频功率放大器的工作原理,通过理论联系实际加深对电路工作原理的理解。有源音箱如图6.14所示。

(a)外形图

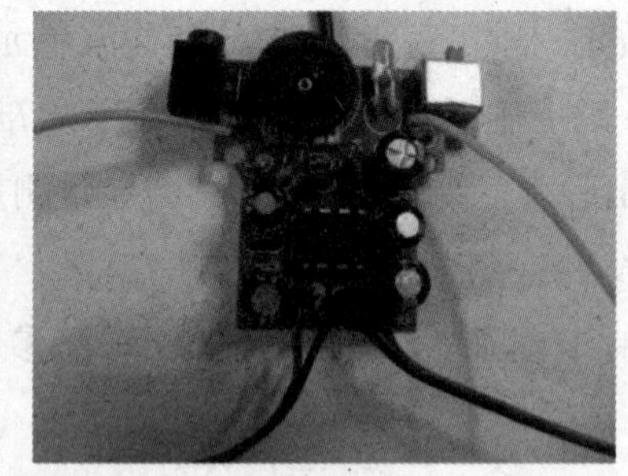

(b)内部图

图6.14 有源音箱图

6.2.1 部件清单

有源音箱所需元件见表6.5。

表6.5　有源音箱元件清单

序号	名　称	参　数	用　量	标　号
1	线路板	ADS-228	1块	
2	集成电路	D2822	1块	IC1
3	发光二极管	3 mm(绿色)	1只	D1
4	电位器	B50K(双声道)	1只	VR1
5	DC插座		1个	DC
6	开关	SK22D03VG2	1个	S1
7	电阻	4.7 Ω、4.7 kΩ	各2个	R3 R6 R1 R4
8	电阻	1 kΩ	3个	R2 R5 R7
9	瓷介电容	10^4 pF	4个	C1 C2 C4 C5
10	电解电容	100 μF、220 μF	各2个	C8
11	电解电容	470 μF/16 V	1个	
12	立体声插头		1个	
13	喇叭	4 Ω/5 W	2只	
14	电池片		1套	
15	动作片		4片	
16	排线	1×90 mm×2P	2根	SP+　SP-
17	导线	1×60 mm	2根	B+　B-
18	螺丝	PA　2×6	10颗	底壳等
19	螺丝	PA　2×8	12颗	喇叭座

核心器件TDA2822M是双声道音频功率放大集成电路,通常在盒式放音机、收录机和有源音箱中作音频放大器,它是一种低电压、低功耗的立体声功率放大器。它的工作电压宽,1.8~12 V均可正常工作,其最高电压可达15 V。它的功率有1 W(一个声道),虽然不大,但是可以满足一般的听力要求。TDA2822M总共有8只引脚,在该实习件中使用的芯片采用DIP封装形式。

(1)TDA2822**芯片特点**

①电源电压范围宽(1.8~15 V,TDA2822M),电源电压低至1.8 V时仍能工作。

②静态电流小,交越失真小。

③外围元件少。

④开关机无冲击噪声。

⑤适用于单声道桥式(BTL)或立体声线路两种工作状态。

⑥采用双列直插 8 脚塑料封装(DIP-8)和贴片式封装(SOP-8)。

(2)TDA2822 引脚定义

集成块 TDA2822 的引脚功能定义见表 6.6。

表 6.6　集成块 TDA2822 的引脚功能定义

引出脚号	1	2	3	4
功　能	左声道输出	电源	右声道输出	接地
引出脚号	5	6	7	8
功　能	右声道负反馈	右声道输入	左声道输入	左声道负反馈

6.2.2　有源音箱工作原理

音频信号经 L-IN、R-IN 输入,经过电位器,该电位器本质是一个可调电阻,改变电位器的电阻,就可以改变电压的大小,从而控制音响的音量。而后信号经过 *C*2、*C*6 电容耦合送入集成块进行音频功率放大,再由集成块 1、3 引脚输出,经 *C*8、*C*10 耦合送入扬声器。其工作原理如图 6.15 所示。

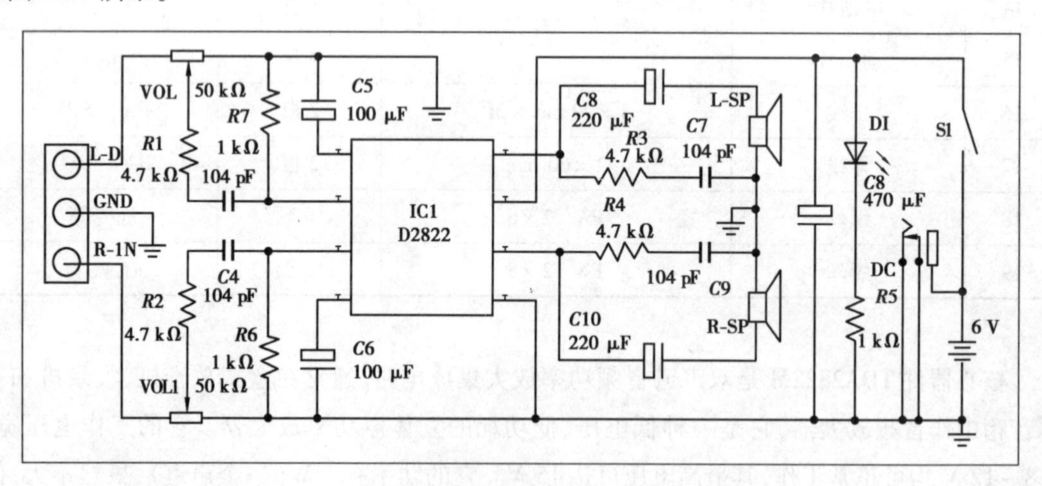

图 6.15　有源音箱工作原理图

各元件的作用如下:

*R*1、*R*2:消除可能出现的高频自激。

*R*3、*R*4:"茹贝尔"网络电阻,抵制高频自激,改善音质。

*C*7、*C*9:"茹贝尔"网络电容,抵制高频自激,改善音质,滤除信号中的直流成分。

*R*5:二极管限流保护。

VOL:双声道音量电位器,调节左右声道音量大小。

*C*2、*C*4:左右声道输入端耦合电容,用来耦合来自外部的音频信号。

*C*5、*C*6:负反馈回路电容,隔直流,通交流。

*C*8、*C*10:功放输出端耦合电容,输出声道信号到扬声器。

*C*11:整机电源滤波、退耦电容。

IC 集成电路 D2822:双声道 OTL 功放集成电路,用来进行左右声道音频信号的功率放大。

6.2.3　元件插装与焊接

(1)安装前的检查

检查元器件的数量是否与清单相符,观察元件的外观是否损坏,测试元件的性能参数是否与表上给出的一致。

(2)焊接与安装

1)注意事项

相比收音机的焊接,有源音箱的焊盘更为紧凑,焊接更为困难,稍不注意就会将两个相邻的焊点焊接在一块,造成短路,通电后可能会损坏元器件,如果情况严重,还会将整块电路板烧坏。因此,在焊接时应注意以下几点:

①焊接电阻时,由于焊接距离较近,所以应当采用立式安装法。当焊接电阻引脚之间的距离小于电阻本身长度时,一般采用立式安装法。电阻安装方法如图 6.16 所示。

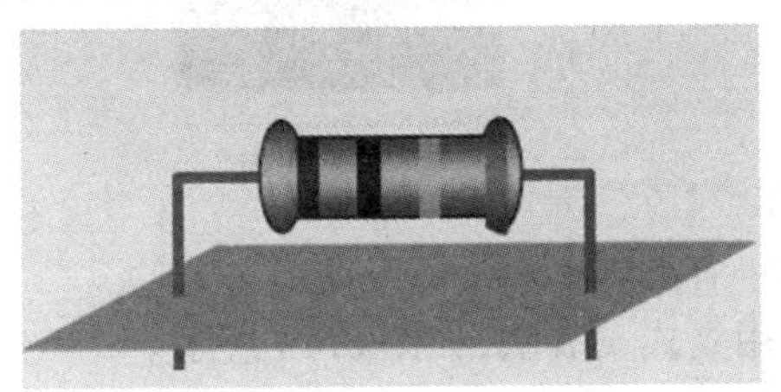

(a)卧式安装法

(b)立式安装法

图 6.16　电阻安装方法

②焊接立体声插头时,注意区分音频线的三种颜色(金色、红色、绿色),金色接地,绿色和红色分别为音频的左右输入,应当焊在正确的焊接位置。在焊接前,应当检查音频线的线头是否做过预焊处理,如果没有做预焊处理的,应当对音频线做预焊处理。音频线预焊处理如图 6.17 所示。

在焊接音频线时,当音频线从元件面穿过,在焊接面焊应当先焊接此线,再安装电位器;如果从焊接面穿过,在焊接面焊接就不必考虑该顺序。

③焊接集成块时,应当判断集成块的引脚顺序,集成块的缺口方向要与电路板上的缺口方向一致,核对无误后,方可焊接。焊接完成后,用万用表检查有无短路或焊接不良,一定要确保焊接质量。

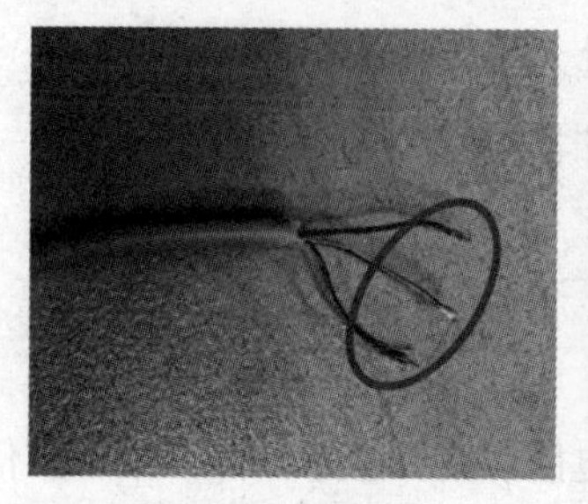

(a)未预焊处理

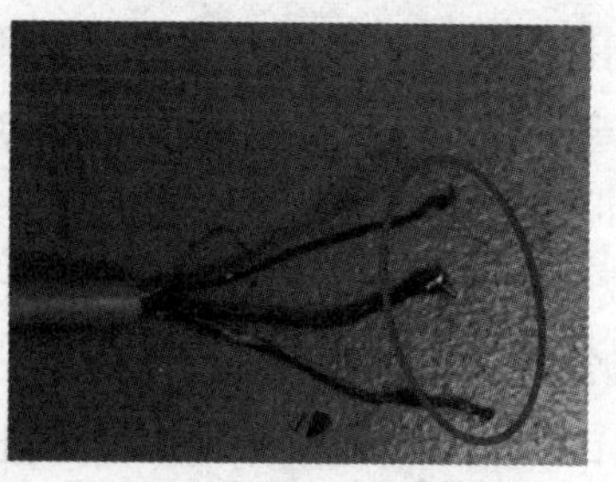

(b)预焊处理

图 6.17　音频线预焊处理

2)元件的焊接

安装时,一定要注意对导线的布线,让电路看上去比较整齐。电路板实物图如图 6.18 所示。

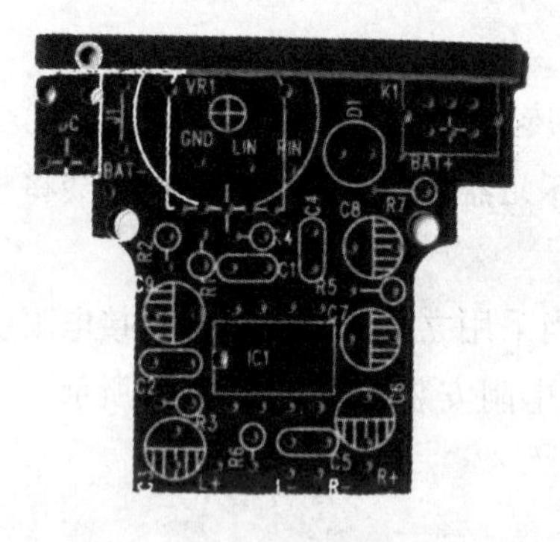

(a)元件面

(b)焊接面

图 6.18　音箱 PCB 板图

①电阻的焊接,由于焊接距离近,应采用立式安装法,如图 6.19 所示。

图 6.19　电阻的焊接

②电位器的焊接,如图6.20所示。

图6.20　电位器的焊接

③瓷片电容的焊接,立式插装要求紧贴电路板,如图6.21所示。

图6.21　瓷片电容的焊接

④集成电路的焊接,在焊接集成电路时,注意元件引脚顺序。

⑤发光二极管的焊接,因发光二极管要起到指示作用,而音箱外壳留出指示灯孔的位置在电路板的侧面。在安装发光二极管时,注意将引脚留出大约8 mm,直角弯制,如图6.22所示。

图6.22　发光二极管的焊接

⑥音频线的焊接，在焊接音频线时，注意音频线不同颜色所对应的不同位置，红色和绿色是左右声道输出，金色是接地端。在焊接音频线之前，应用万用表测试音频线的好坏，如图6.23所示。

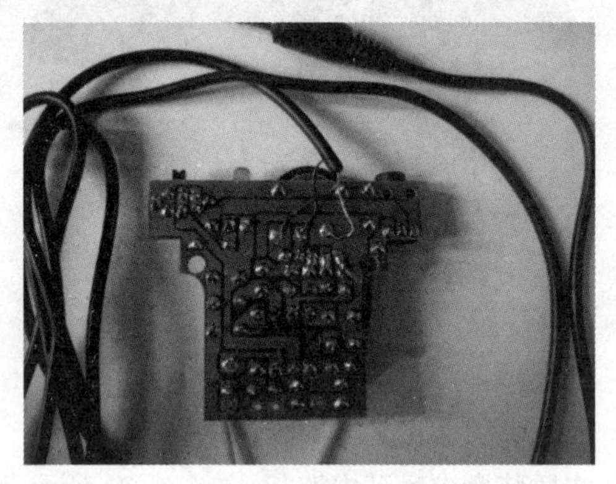

图6.23 音频线的焊接

有源音箱电路板的焊接，如图6.24所示。

(a)元件面

(b)焊接面

图6.24 有源音箱电路板的焊接

3）音箱的组装

①扬声器的安装，用烙铁烫压扬声器周围的塑料，将其固定在壳中如图6.25(a)所示，扬声器的线从壳中穿出，装好后的示意图如图6.25(b)所示。

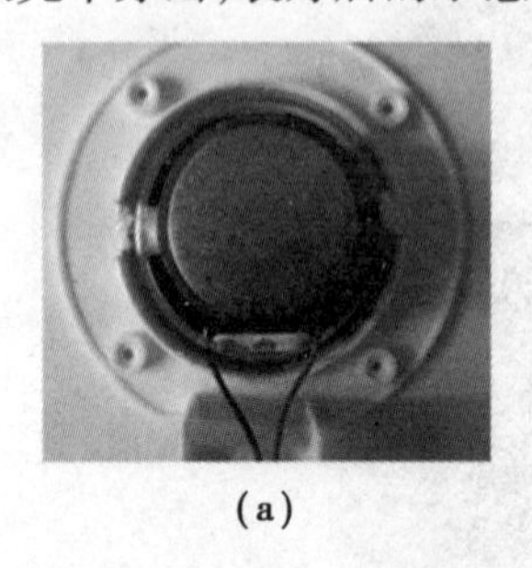

(a)

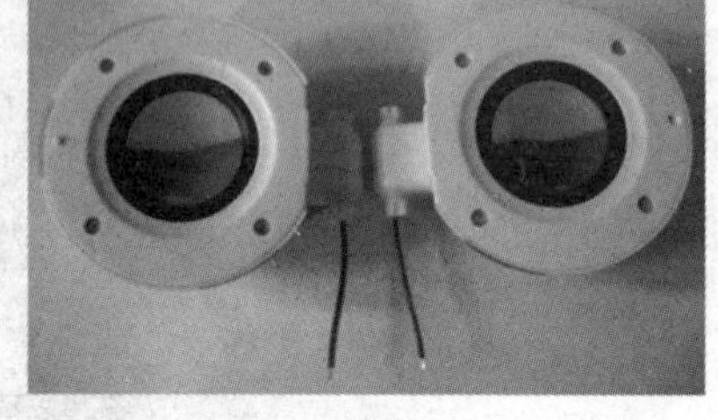

(b)

图6.25 音箱的安装步骤

②金属弹片的安装,金属弹片的安装如图6.26所示。

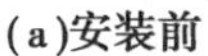

(a)安装前

(b)安装后

图6.26　金属弹片的安装

③电池极片安装,在安装电池极片前,应当给电池极片做预焊处理(即上锡),如图6.27所示,请注意画圈的部分。

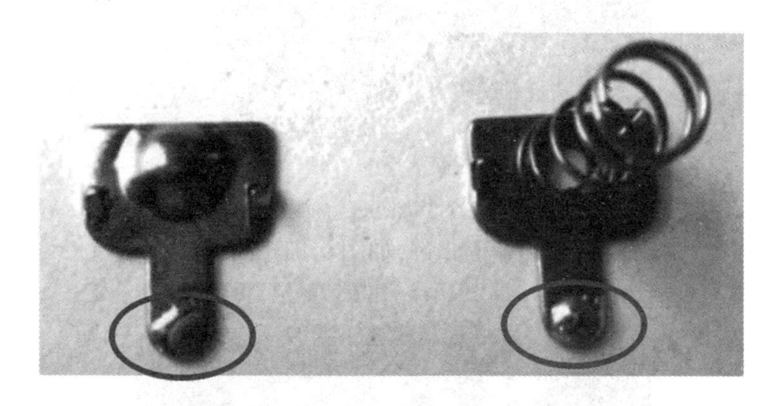

图6.27　电池极片的上锡

④正负极的导线与焊片的连接,如图6.28所示。

图6.28　正负极的导线与焊片的连接

⑤将电路板固定在壳中,如图6.29所示。

图6.29　电路板的固定

⑥电源开关的安装,如图6.30所示。

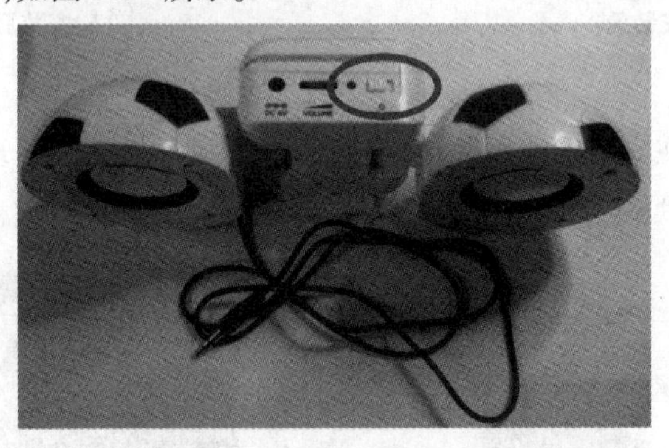

图6.30　电源开关的安装

⑦后盖的固定,用四颗螺钉将后盖固定好,如图6.31所示。

图6.31　后盖的固定

6.2.4　有源音箱的故障分析与调试

(1)集成电路关键测量点

1、3脚,当这两只引脚的直流电压等于电源直流工作电压的1/2时,说明集成电路IC工作正常。(如直流工作电压是5 V,那么1、3引脚直流工作电压正常工作时应为2.5 V)

电路故障状态：

①1、3脚直流工作电压有一个大于2.5 V，说明集成电路IC已经损坏。

②1、3脚直流工作电压有一个低于2.5 V，断开$C8$、$C10$后还是低，说明集成电路已损坏，否则是断开的$C8$、$C10$漏电。

(2)**音箱无声故障**

①音频线输入故障

音频线输入故障有两种原因：一是音频线本身故障，即音频线是坏的；二是音频线焊接不良，如果两边扬声器都没有声音，应首先检查金色的接地线是否未焊好。

②检查电源电压是否正常

电子产品出现故障的原因很多，任何一个焊点或元件问题都有可能导致产品的故障。若要快速找出故障原因，首先就必须要掌握该产品的电路原理，了解各元器件在该电路中的作用，认真分析产生故障的原因，然后再逐步排查，并按照下列原则进行检修。

A. 由外到内

检查音箱时，先看电路板的外观，观察是否有漏焊，是否有焊盘脱落，是否将两个相邻的焊点焊接到一起，初步分析可能的原因，然后再用仪表测试，检查电路和元件。

B. 由易到难

先从容易的地方着手，如检查电源线是否焊好，开关是否没打开，音频线触点是否有故障，元件的引脚是否过长导致碰到一起造成短路等。

C. 由粗到细

首先要粗略地判断，然后逐步缩小范围，最后找出故障点。

6.3　硬件流水灯

利用常用的集成电路ICL8038、CD4060、74LS138设计一个简单的硬件流水灯，由于在许多电路中都需要使用到信号发生器、译码器、时钟芯片等集成电路，而所用到的这三种集成电路也是较为基础和常用的。因此，通过对流水灯的设计，可掌握ICL8038、CD4060和74LS138的引脚定义和基本用法。

在整个过程中，要求自行设计并画出电路原理图，并用仿真软件验证设计结果，最后进行焊接制作。

6.3.1　部件清单

硬件流水灯所需主要元件见表6.7，除集成块以外的其他元器件，可根据设计需要自行选择。

表 6.7　硬件流水灯主要元件

序　号	名　称
1	ICL8038
2	CD4060
3	74LS138
4	LED
5	电位器
6	电阻
7	电容

6.3.2　硬件流水灯工作原理

利用ICL8038函数发生器产生频率为1 kHz、幅度为5 V的方波,用CD4060产生不同的分频,在用74LS138转换为8位二进制信号,实现LED灯循环点亮。分频不同,流水灯的速度也不同。硬件流水灯的原理框图如图6.32所示。

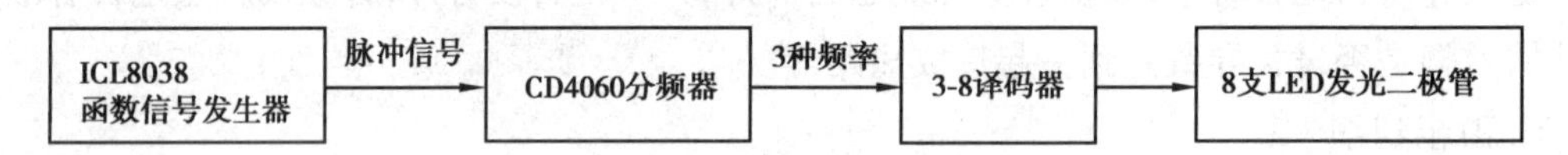

图6.32　硬件流水灯原理框图

(1)ICL8038 函数发生器

1)性能特点

函数发生器是一种可以同时产生方波、三角波和正弦波的专用集成电路。当调节外部电路参数时,还可以获得占空比可调的矩形波和锯齿波。ICL8038是性能优良的集成函数信号发生器。可用单电源供电,即将引脚11接地,引脚6接 $+V_{CC}$,V_{CC}为10~30 V;也可以双电源供电,即将引脚11接 $-V_{EE}$,引脚6接 $+V_{CC}$,它们的值为 ±5 ~ ±15 V。频率的可调范围为0.001 Hz~300 kHz。输出矩形波的占空比可调范围为2% ~98%,上升时间为180 ns,下降时间为40 ns。输出三角波(斜坡波)的非线性小于0.05%。输出正弦波的失真度小于1%。ICL8038函数发生器如图6.33所示。

2)常用接法

图6.34所示为ICL8038的引脚功能图,其中引脚8为频率调节(简称调频)电压输入端,电路的振荡频率与调频电压成正比。引脚7输出调频偏置电压,数值是引脚7与电源 $+V_{CC}$之差,它可作为引脚8的输入电压。

图6.35所示为ICL8038最常见的两种基本接法,矩形波输出端为集电极开路形式,需外

图6.33　ICL8038

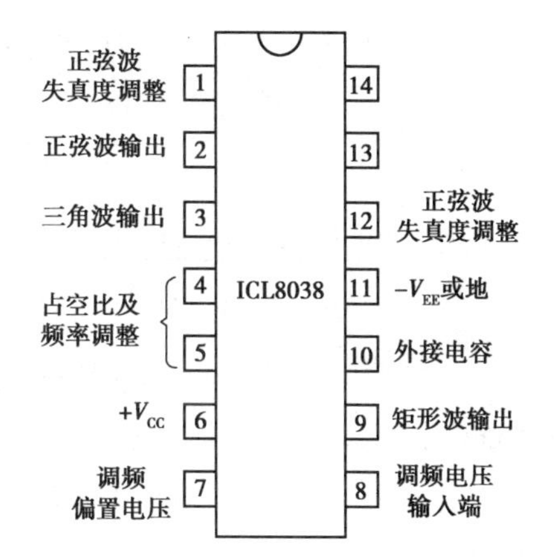

图6.34　ICL8038引脚功能图

接电阻 R_L 至 $+V_{CC}$。在图6.35(a)所示电路中,R_A 和 R_B 可分别独立调整。在图6.35(b)所示电路中,通过改变电位器 R_W 滑动端的位置来调整 R_A 和 R_B 的数值。当 $R_A=R_B$ 时,矩形波的占空比为50%,因而为方波。当 $R_A \neq R_B$ 时,矩形波不再是方波,引脚2输出也不再是正弦波。

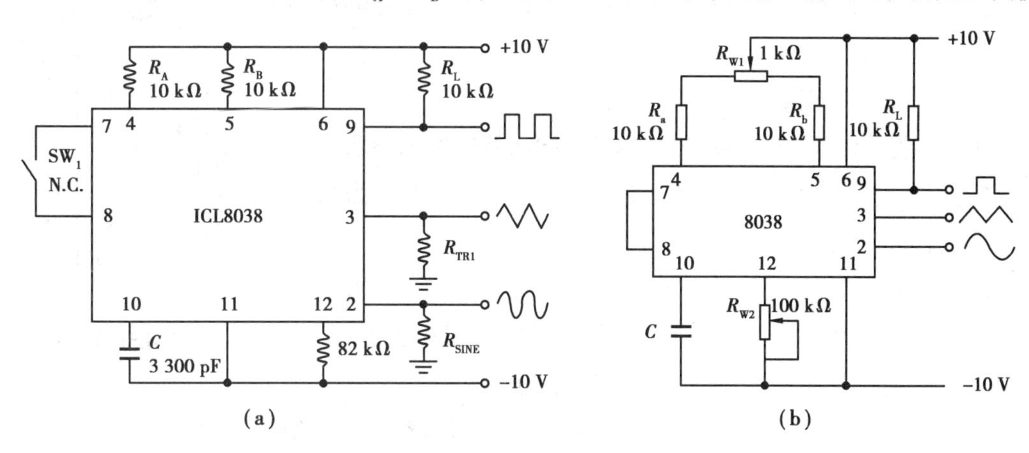

图6.35　ICL8038两种基本接法

(2)CD4060 14 **位二进制分频器**

CD4060是14位二进制串行计数器/分频器,它有三个特点:①内置振荡器;②全静态操作;③有14级计数器,但只有10个输出端。图6.36所示为CD4060的引脚功能图和时序表,表6.8为CD4060引脚功能定义。

表6.8　CD4060引脚定义

引出脚号	1	2	3	4	5	6	7	8
功　能	12分频	13分频	14分频	6分频	5分频	7分频	4分频	地
引出脚号	9	10	11	12	13	14	15	16
功　能	信号正向输出	信号反向输出	信号输入	复位信号输入	9分频	8分频	10分频	电源

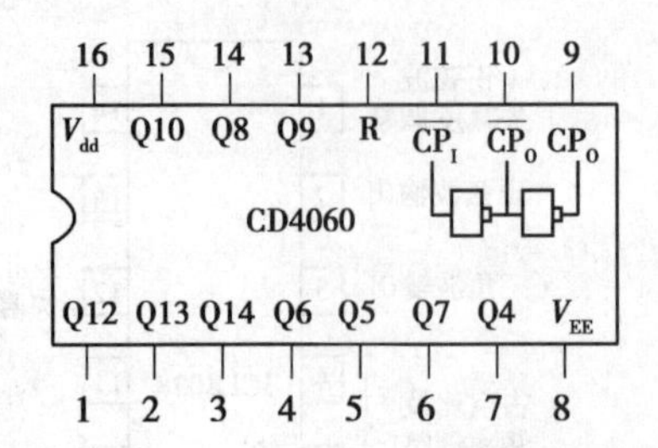

$\overline{CP_I}$	$\overline{CP_O}$	CP_O	R	功能
↓	↓	↑	0	计数
ϕ	0	1	1	复位

图 6.36　CD4060 引脚功能图和时序表

CD4060 由两部分组成,一部分是 14 级分频器,由 $Q_4 \sim Q_{14}$(缺 Q_{11})输出二进制分频信号;另一部分是振荡器,振荡器的结构可以是 RC 或晶振电路。因此,该集成电路可以直接实现振荡和分频的功能。

在硬件流水灯的项目中,CD4060 是作为信号分频器来工作,该芯片有 10 个分频输出。如果函数发生器所产生 1 kHz 的方波信号,那么通过 12、13、14 分频所得到的分频结果应该是 1 kHz/12≈83.3 Hz,1 kHz/13≈76.9 Hz,1 kHz/14≈71.4 Hz,在制作硬件流水灯过程中,应通过电路仿真来验证设计的电路,最后确定在哪几个输出端能够得到较好的流水效果。

(3)**74LS138 译码器**

74LS138 为 3 线-8 线译码器,共有 54/74S138 和54/74LS138两种线路结构形式,74LS138 的工作原理是:当一个选通端(G1)为高电平而另两个选通端 G2A 和 G2B 为低电平时,可将地址端(A、B、C)的二进制编码在一个对应的输出端以低电平译出。G1、G2A、G2B 作为该芯片的控制端,通常也称为使能选通端。74LS138 的引脚图如图 6.37 所示,真值表见表 6.9。

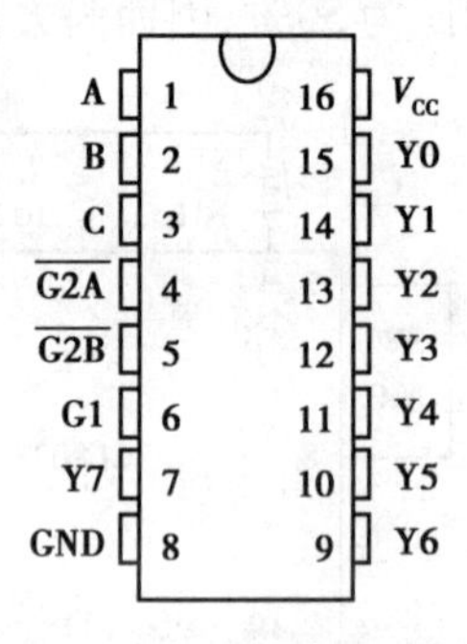

图 6.37　74LS138 引脚图

表 6.9　74LS138 真值表

输入						输出							
使能			选择										
G1	$\overline{G2A}$	$\overline{G2B}$	C	B	A	Y0	Y1	Y2	Y3	Y4	Y5	Y6	Y7
×	H	×	×	×	×	H	H	H	H	H	H	H	H
×	×	H	×	×	×	H	H	H	H	H	H	H	H
L	×	×	×	×	×	H	H	H	H	H	H	H	H
H	L	L	L	L	L	L	H	H	H	H	H	H	H
H	L	L	L	L	H	H	L	H	H	H	H	H	H
H	L	L	L	H	L	H	H	L	H	H	H	H	H
H	L	L	L	H	H	H	H	H	L	H	H	H	H
H	L	L	H	L	L	H	H	H	H	L	H	H	H
H	L	L	H	L	H	H	H	H	H	H	L	H	H
H	L	L	H	H	L	H	H	H	H	H	H	L	H
H	L	L	H	H	H	H	H	H	H	H	H	H	L

通过真值表可以看出,74LS138 的 8 只输出引脚,任何时刻要么全为高电平 1,芯片处于不工作状态,要么只有一个为低电平,其余 7 只输出引脚全为高电平 1。只有当 G1 = 1 为高电平,G2A + G2B = 0,即 G2A 和 G2B 均为低电平时,该芯片才处于工作状态,否则,译码器被禁止,所有的输出端被封锁在高电平。

在该实践项目中,只要输入端 A、B、C 变化,那么输出端所接的 8 个 LED 灯会跟随输出端高低电平的不断变化而变化,实现流水灯的效果。

6.3.3　软件仿真

初步设计完成后,可通过软件进行仿真,验证设计的可行性。因该电路是由两个模块所组成,可以分别对函数信号发生器模块和流水灯模块进行仿真验证。软件 Protues 仿真函数信号发生器 ICL8038 输出波形的显示如图 6.38 所示。

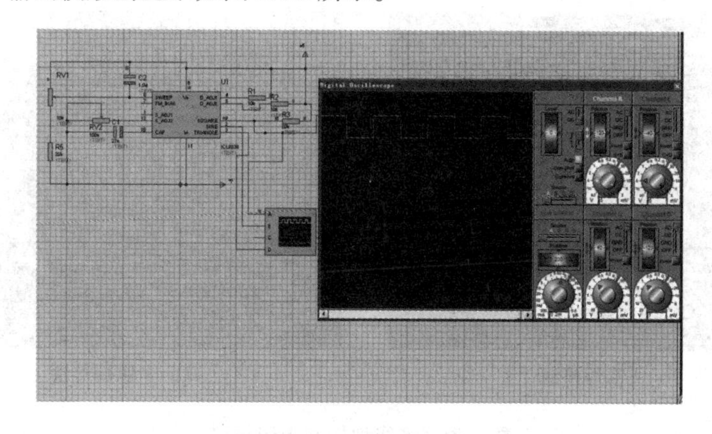

图 6.38　软件仿真 ICL8038 输出波形

在对流水灯模块进行验证时,直接使用软件里的信号发生器替代 ICL8038。

6.3.4　硬件流水灯的焊接与调试

(1)流水灯电路焊接

通过仿真对电路设计的可行性进行验证后,就可按照原理图进行焊接。在焊接中,通常使用万用板。万用板是一种按照标准 IC 间距(2.54 mm)布满焊盘,在使用中,可根据自己的意愿插装元器件以及连线。相比专业的 PCB,万用板有使用门槛低、成本低、使用方便、扩展灵活等特点。通常又将万用板称为洞洞板,如图 6.39 所示。

在焊接之前,应在纸上做好初步的布局,然后用铅笔画到万用板的元件面,从而将走线规划出来,以方便焊接,做到有序焊接。常见的万用板焊接方法有两种:一种是利用单芯导线进行飞线连接,飞线尽量做到水平和竖直走线,整洁清晰;另一种是现在流行的走锡焊接,工艺不错,性能也稳定,但是比较浪费焊锡。纯粹的走锡焊接难度较高,容易受到焊锡丝、个人焊接工艺等方面的影响,如果先拉一根铜丝,在随着细铜丝进行拖焊,则简单很多。飞线焊接和走锡

图 6.39　万用板

焊接如图 6.40 所示。

(a)飞线焊接法

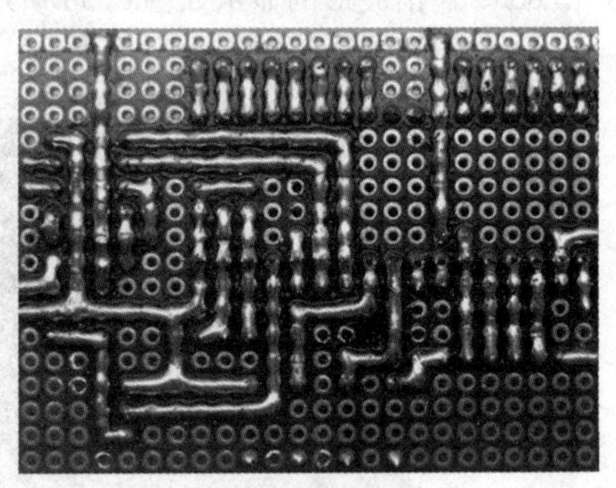

(b)走锡焊接法

图 6.40　飞线焊接和走锡焊接

根据先前设计好的原理图和布局好的焊接线路进行焊接。在电路较为复杂的情况下,最好选择分模块进行焊接,这样即方便调试又方便故障检测。硬件流水灯如图 6.41 所示。

图 6.41　硬件流水灯

(2)流水灯电路调试

①首先应对 ICL8038 函数信号发生器进行测试,将直流电源的正极接入 ICL8038 电源引

脚端,另一端接地,ICL8038 的输出端接示波器,观察示波器的波形。通过检测,示波器应当显示为方波,并且可以通过调节可调电阻改变输出频率和占空比,如图 6.42 所示。

②对 CD4060 和 74LS138 组成的联合控制端进行测试,在测试过程中用函数信号发生器代替 ICL8038,给出一个固定的频率输入信号接入 CD4060 的输入端,然后用示波器分别测试 CD4060 的输出端,看分频是否正确,若示波器频率正确变化,说明 CD4060 正常工作。

③将各个模块用杜邦线正确连接,观察流水灯是否工作。

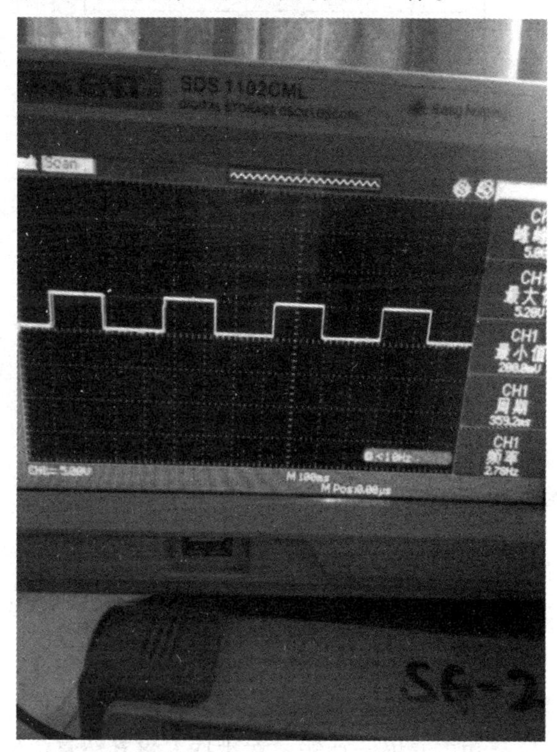

图 6.42　示波器测试函数信号发生器显示结果

6.4　抢答器

抢答器是一种应用非常广泛的电子产品,在知识竞赛、娱乐活动中,它能迅速、客观地分辨出最先获得发言权的选手。早期的抢答器只由几个三极管、发光二极管等组成,能通过发光管的指示辨别出抢答到的选手。随着电子技术的迅速发展,电子器件的数字化、智能化使得现在大多数抢答器都使用单片机和数字集成电路,除有指示作用还增加了许多新的功能,如选手号码的显示、声音提示灯等。本节要求在掌握几种最基本的数字集成电路芯片的前提条件下,自行设计出满足一定功能的抢答器。

6.4.1 部件清单

抢答器所需主要元件见表6.10,除集成块以外的其他元器件,根据设计需要可自行选择。

表6.10 抢答器主要元件

序 号	名 称
1	74LS148
2	74LS279
3	74LS247
4	555 集成定时器
5	数码管
6	自锁开关
7	微动开关
8	电阻
9	电容

6.4.2 抢答器工作原理

抢答器的功能要求如下:

①同时供8名选手参加比赛。选手编号为0~7,各用一个抢答开关,开关的编号分别用按键S0~S7表示,与选手的编号相对应。

②主持人设置一个复位开关,用来控制系统的清零和开始抢答信号。

③抢答器具有锁存、显示和声音提示功能。在主持人将系统复位发出开始抢答信号后,如果有参赛者按下开关,则抢答组别的编号在显示电路上显示,同时蜂鸣器发出报警声,此时电路具备自锁功能,使别的组抢答开关不起作用。

抢答器的功能有四个:①能分辨出选手操作按键的先后顺序,并锁存优先抢答者的编号,供译码显示电路用;②要使其他选手的按键操作无效;③显示抢答组别的编号;④显示同时伴有声音提示电路。因此,要用74LS148对选手进行优先编码,用RS触发器74LS279配合74LS148来锁存按键选手的号码,同时将锁存器中锁存的信息发送到译码电路中,译码电路在将其输送给显示电路与声音提示电路,显示电路便可显示出抢答选手的号码直至主持人复位。抢答器基本原理逻辑框图如图6.43所示。

(1)抢答电路

抢答电路的主要作用是分辨出抢答选手按下按键的先后顺序,主要由编码器74LS148完成,其电路基本原理图如图6.44所示。

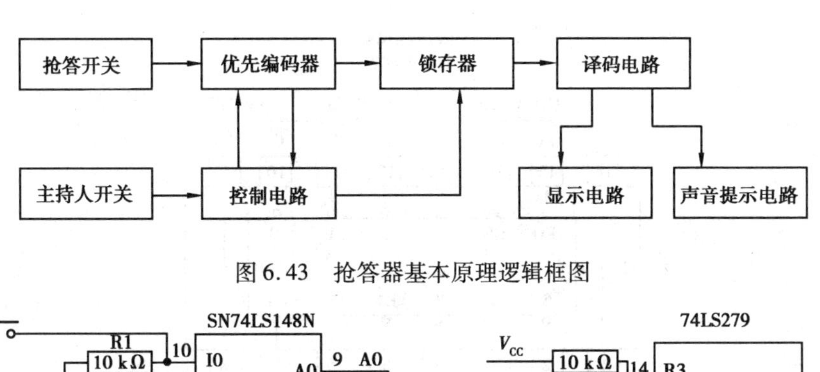

图6.43　抢答器基本原理逻辑框图

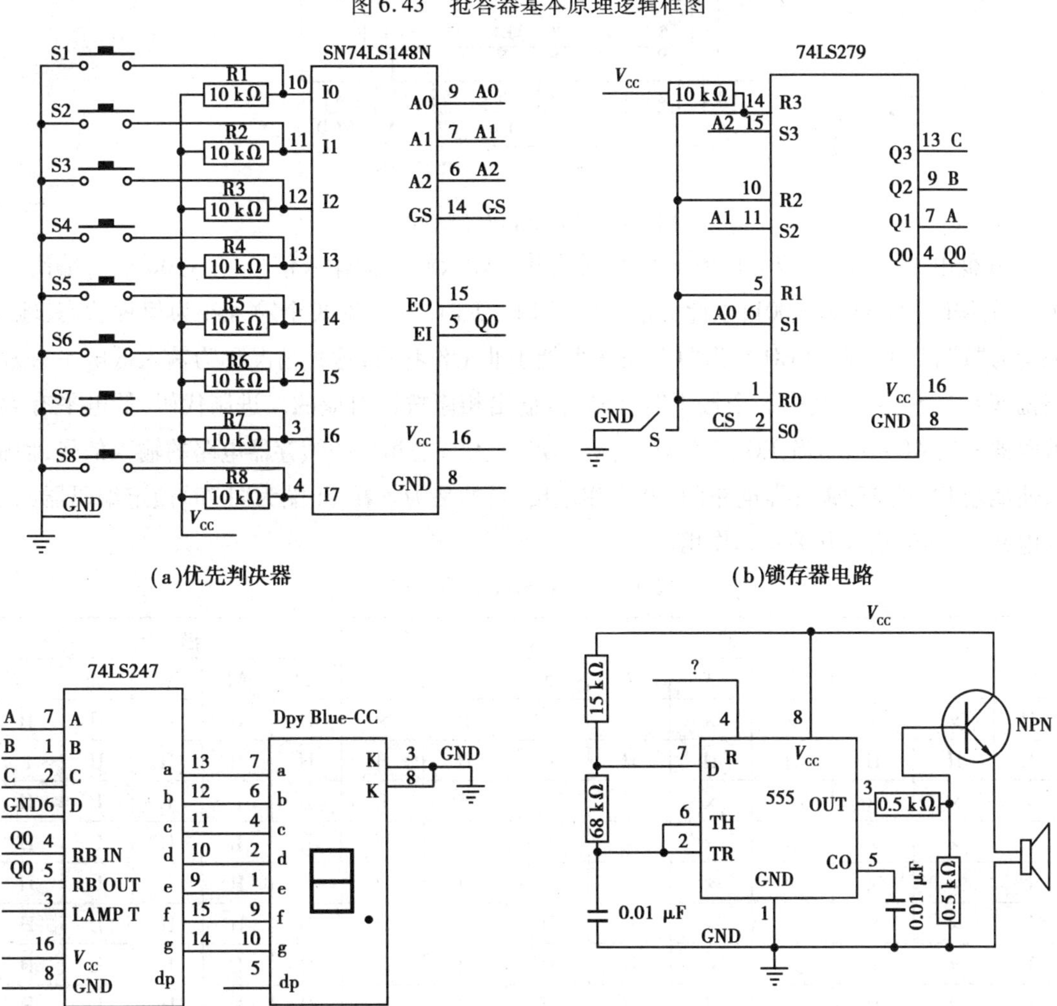

(a)优先判决器　(b)锁存器电路

(c)显示电路　(d)声音提示电路

图6.44　抢答器基本原理图

优先判决器主要是由74LS148集成优先编码器等组成,其管脚功能图如图6.45所示。该编码器有8个信号输入端在、3个二进制码输出端、输入使能端EI、输出使能端EO和优先编码工作状态标识GS。由表6.11不难看出,当EI=0时,编码器工作,允许1~7当中同时有几个输入端为低电平,即有编码输入信号。I7的优先权最高,0的优先权最低。当信号输入I7端=0时,无论其他输入端有无输入信号,输出端只给出输入I7端的编码,即A0=A1=

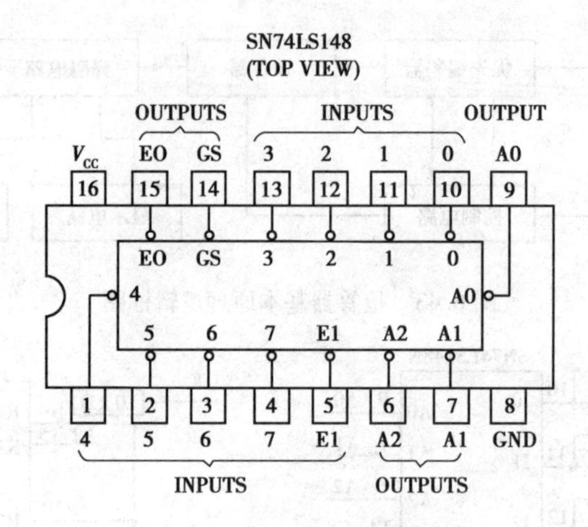

图 6.45　74LS148 管脚功能图

A2 =0(低电平)。而当 I7 =1,I6 =0 时,无论其余输入端有无输入信号,只对 I6 进行编码,输出 I6 的编码,A2A1A0 =001,以此类推。而当 EI =1 时,则无论 8 个输入端为何种状态,输出端均为“1”,且 GS 端和 EO 端为“1”,编码器处于非工作状态,这种情况称为输入低电平有效。当抢答开关 S1 ~ S7 其中一个按下时,编码器输出相应按键对应的二进制代码,低电平有效。编码器输出 A0 ~ A2、GS、EO,工作状态标志 GS 作为与之相连的锁存器电路的输入信号,而输入使能端 EI 端应和锁存器电路的 Q0 端相连接,目的是为了在 EI 端为“1”时锁定编码器的输入电路,使其他输入开关不起作用。

表 6.11　74LS148 的真值表

输　入									输　出				
EI	0	1	2	3	4	5	6	7	A2	A1	A0	GS	EO
H	×	×	×	×	×	×	×	×	H	H	H	H	H
L	H	H	H	H	H	H	H	H	H	H	H	H	L
L	×	×	×	×	×	×	×	L	L	L	L	L	H
L	×	×	×	×	×	×	L	H	L	L	H	L	H
L	×	×	×	×	×	L	H	H	L	H	L	L	H
L	×	×	×	×	L	H	H	H	L	H	H	L	H
L	×	×	×	L	H	H	H	H	H	L	L	L	H
L	×	×	L	H	H	H	H	H	H	L	H	L	H
L	×	L	H	H	H	H	H	H	H	H	L	L	H
L	L	H	H	H	H	H	H	H	H	H	H	L	H

(2)锁存器电路

在抢答电路中加入锁存器的目的是,因为选手抢答时在变化,输出端的数据也会跟着抢答按键的不同而发生实时变化,而若不加锁存器,便无法使其他按键无效,从而影响抢答结果,同时显示电路也会无规则地变化,导致不能正确显示抢答结果。锁存器电路可用 74LS279 锁存器。74LS279 是由 4 个基本的 RS 触发器构成的锁存器,每路 RS 触发器有 R 和 S 两个输入和一个输出端Q。

①当S输入低电平(0)时,输出Q为低电平(0);

②当S输入高电平(1)时,如果R输入低电平(0),则Q为高电平(1);

③当S输入高电平(1)时,如果R输入低电平(1),则Q保持不变。管脚和逻辑功能图如图6.46所示。逻辑关系真值表见表6.12。

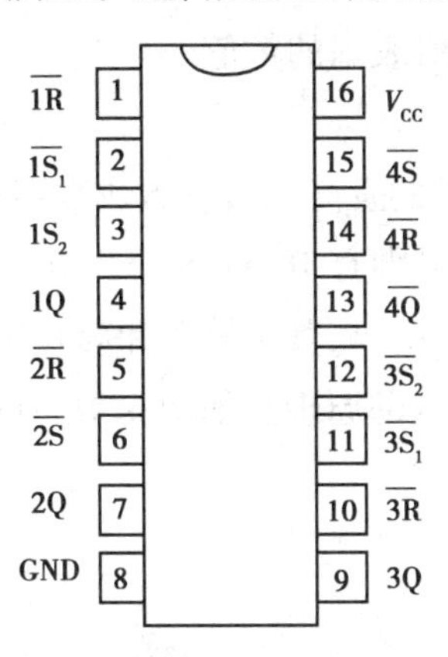

图6.46　管脚和逻辑功能图

表6.12　逻辑关系真值表

输　入		输　出
$\overline{S}$(Note 1)	$\overline{R}$	Q
L	L	H(Note 2)
L	H	H
H	L	L
H	H	Q_0

S端为置位端,R端为复位端,通常情况下输入端为高电平,触发器处于保持状态。R端接主持人控制开关,抢答前控制开关使锁存器输出为零。74LS279的1S、2S、3S、4S分别与编码器的输出端GS、A0、A1、A2连接,当抢答开关按下时,编码器输出相应的二进制代码,锁存器锁存相应的二进制代码。编码器工作状态标识GS使锁存器输出1Q为1,1Q连接到编码器74LS148的输入使能端EI,封锁其他路的输入,同时接译码电路74LS247的控制端。当控制端为低电平时,七段数码管a~g段全不亮。Q2、Q3、Q4与译码显示电路输入端相连,控制开关S由主持人控制,系统复位后才可进行下一轮抢答。

(3)译码显示电路

译码显示电路是直观将抢答状态显示出来的电路。它由一个译码器和数码管构成,七段数码管如图6.47所示。

图6.47　七段数码管

1)译码器

译码器的逻辑功能是将每个输入的二进制代码译成对应的输出高低电平信号或另外1个代码。因此,译码其实是编码的反操作。在6.3节已经使用过74LS138译码器,工作原理相同。本小节的译码器74LS247是BCD-七段显示译码器,半导体数码管和液晶显示器都可以用TTL或CMOS集成电路直接驱动,为此,就需要使用显示译码器将BCD代码译成数码管所需要的驱动信号,以便使数码管用十进制数字显示出BCD代码所表示的数值。

2)数码管

七段数码管一般由8个发光二极管组成,其中由7个细长的发光二极管组成数字显示,另外1个圆形的发光二极管显示小数点。但是,一位数码管的引脚有10只,8个发光二极管还有1个公共端,生产商为了封装统一,单位数码管都封装10只引脚,其中第3和第8引脚是连接在一起的,而它们的公共端又分为共阴极和共阳极,数码管内部原理图如图6.48所示。

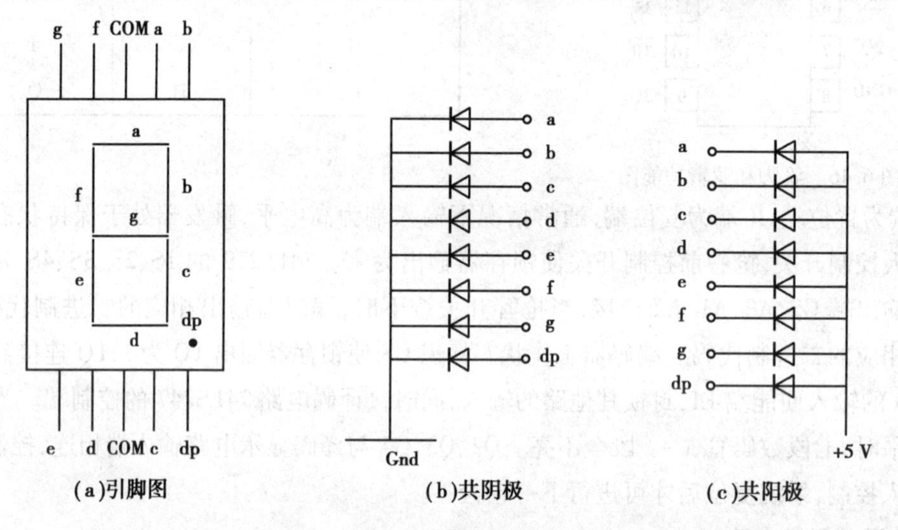

图6.48　数码管内部原理图

对共阴极数码管来说,其8个发光二极管的阴极在数码管内部全部连接在一起,因而称共阴,而它们的阳极又是独立的,通常在设计电路时一般将阴极接地。当给数码管的任意阳极加一个高电平时,对应的这个发光二极管就点亮了。

(4)声音提示电路

声音提示电路可采用555定时器接成的多谐振荡器构成,其输出端经三极管放大去推动一个蜂鸣器,当有人按下抢答开关时,数字显示的同时伴有声音提示,以提醒主持人注意。

1)555定时器的电路结构与功能

555定时器是一种多用途的数字/模拟混合集成电路,其电路框图如图6.49所示。利用它能极方便地构成施密特触发器、单稳态触发器和多谐振荡器。由于使用灵活、方便,所以555定时器在波形的产生于变换、测量与控制、家用电器、电子玩具等许多领域中都得到了应用。

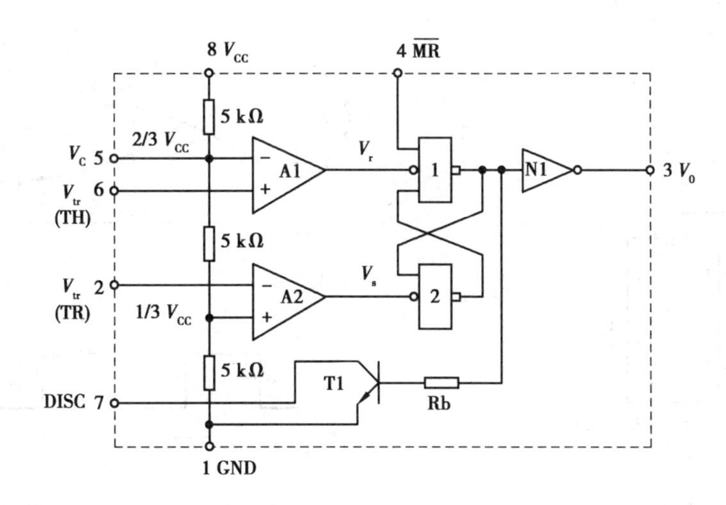

图6.49 555电路框图

因其内部比较器电路中有3个阻值为5 kΩ的电阻组成分压器而得名。在电源和地之间加V_{CC}电压,并让引脚5悬空时,上比较器的参考电压为$2V_{CC}/3$,下比较器为$V_{CC}/3$。

如果使υ_r和υ_s的低电平信号发生在输入电压信号的不同电平,那么输出与输入之间的关系将为施密特触发特性;如果在υ_{tr}加入一个低电平触发信号以后,经过一定的时间能在υ_r输入端自动产生一个低电平信号,就可以得到单稳态触发器;如果能使υ_r和υ_s的低电平信号交替反复出现,就可以得到多谐振荡器。

2)555定时器接成的多谐振荡器

①电路组成

由555定时器组成的多谐振荡器如图6.50所示,其中电容C、电阻R_1和R_2作为振荡器的定时元件,决定输出矩形波正负脉冲宽度。定时器的触发输入端2脚和阈值输入端6脚与电容相连;集电极开路输出端7脚接R_1、R_2,用以控制电容C的充放电;外界控制输入端5脚通过0.01 μF电容接地。

②工作原理

多谐振荡器的工作波形如图6.51所示。电路接通电源的瞬间,由于电容C来不及充电,$V_C=0$ V,所以555定时器状态为1,输出V_0为高电平。同时,集电极输出端7脚对地断开,电源V_{CC}对电容C充电,电路进入暂稳态电流,此后,电路周而复始地产生周期性的输出脉冲。多谐振荡器两个暂稳态的维持时间取决于RC充放电回路的参数。暂稳态电流的维持时间,即输出V_0的负向脉冲宽度$T_2 \approx 0.7R_2C$。因此,振荡周期$T=T_1+T_2=0.7(R_1+2R_2)C$,振荡频率$F=1/T$。正向脉冲宽度T_1与振荡周期T之比称矩形波的占空比D,由上述条件可得$D=(R_1+R_2)/(R_1+2R_2)$,若使$R_2 \gg R_1$,则$D \approx 1/2$,即输出信号的正负向脉冲宽度相等的矩形波。

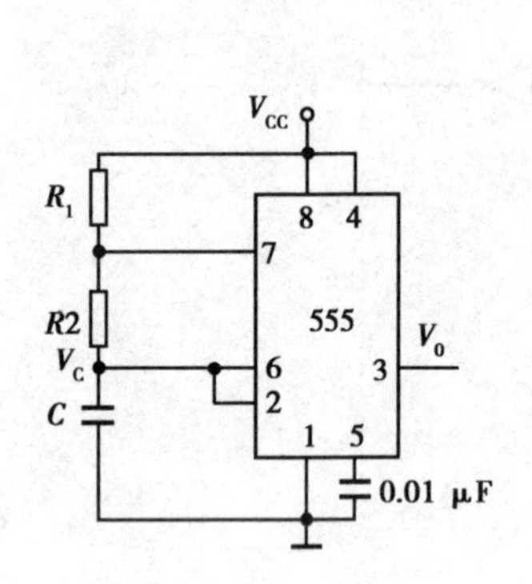

图 6.50　多谐振荡器电路

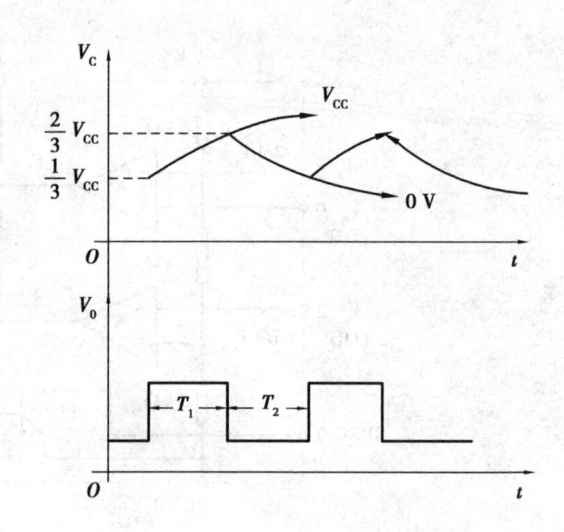

图 6.51　多谐振荡器工作波形

6.4.3　软件仿真

初步设计完成后，可通过软件进行仿真，验证设计的可行性。图 6.52 所示为软件 Protues 对抢答器进行仿真的效果图。工作过程为：当主持人将清除开关 SW9 置位时，RS 锁存器的输出全部置“0”，显示器灯灭。与此同时，优先编码器 74LS148 的选通输入端$\overline{ST}=0$，使之处于工作状态，此时锁存器不工作。当主持人将控制开关 SW9 拨向“开始”时，优先编码器和锁存器同时处于工作状态，即抢答器处于等到工作状态，等待输入端的信号输入。当选手按下的键松开后，74LS148 的$\overline{YEX}$为高电平，但由于 ST 端维持高电平不变，所以 74LS148 仍然处于“禁止”

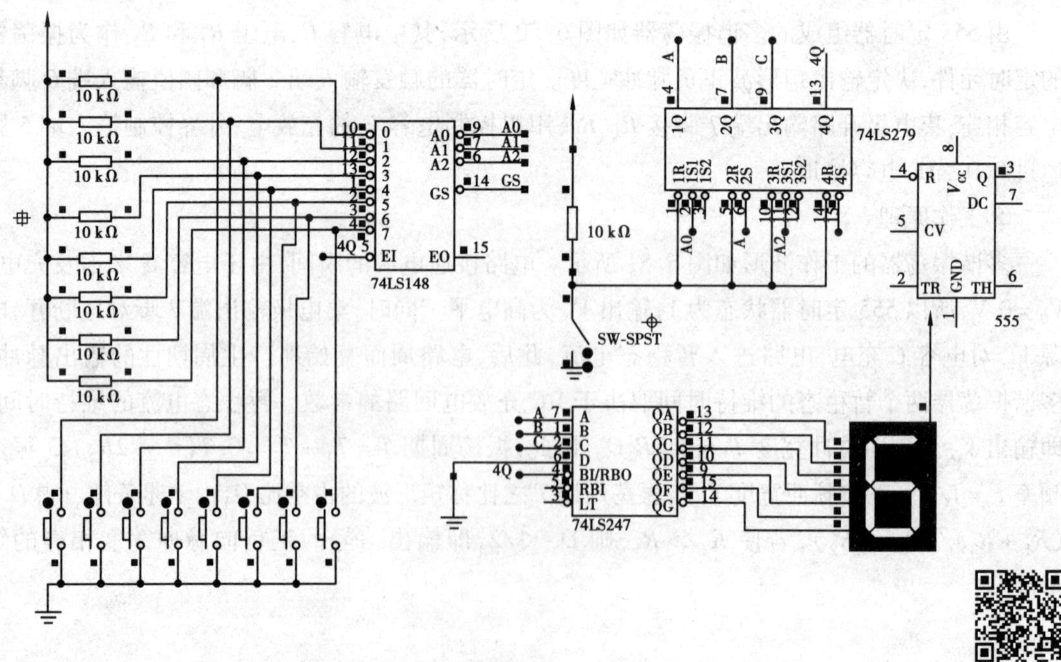

图 6.52　抢答器仿真效果图

工作状态,其他按键的输入信号不会被接受,这就保证了抢答者的优先性和电路的准确性。若0号选手按键,数码管将显示“0”。

6.4.4　抢答器的安装与调试

根据需求选择电路的设计单元进行组合,完成系统的原理图设计与PCB设计,运用CAD软件设计PCB,或使用万用板,按照装配图或原理图进行器件的装配,装配好之后进行电路的调试,观察电路是否按照要求正常工作。可以4位同学来抢答,观察数码管是否正常显示。

6.5　智能小车

随着电子技术和计算机科学技术的进一步发展,以单片机作为核心控制器的电子产品在现代电子工程技术、网络、通信、信号处理与数据采集、自动控制与计量测试、智能化电器等方面日益普及。智能电子产品制作课程在高校的电子类、电气类、计算机类、机械类等专业的教学计划中具有非常重要的地位。

本节要求使用常用单片机STM32的最小系统板、仿真调试器、电机及驱动模块、各类传感器等来设计,并制作一辆可以循迹避障的智能小车。在整个过程中,要求掌握STM32最小系统板构成、各类传感器和电机的原理及使用方法,要求自行设计并画出硬件连线图,利用程序模块进行简单编程,并用软件编译调试下载,最后进行小车的完整制作。

6.5.1　STM32简介

STM32单片机是由意法半导体公司研发的32位嵌入式单片机,是一款性价比超高的系列单片机,功能及其强大,该芯片广泛应用于工业控制、无线通信、网络产品、消费类电子产品、安全产品等领域,如交换机、路由器、数控设备、机顶盒、STB及智能卡等。据统计,截至2016年STM32芯片年出货量达到16亿片,它是基于专为要求高性能、低成本、低功耗的嵌入式应用专门设计的ARM Cortex-M3内核,同时具有一流的外设:1 μs的双12位ADC,4 Mbit/s的UART,18 Mbit/s的SPI,等等。在功耗和集成度方面也有不俗的表现,由于其简单的结构和易用的工具再配合其强大的功能在行业中赫赫有名,其强大的功能主要表现如下:

①内核:ARM32位Cortex-M3CPU,最高工作频率72 MHz,1.25DMips/MHz,单周期乘法和硬件除法。

②存储器:片上集成32～512 KB的Flash存储器。6～64 KB的SRAM存储器。

③时钟、复位和电源管理:2.0～3.6 V的电源供电和I/O接口的驱动电压。POR、PDR和可编程的电压探测器(PVD)。4～16 MHz的晶振。内嵌出厂前调校的8 MHz RC振荡电路。内部40 kHz的RC振荡电路。用于CPU时钟的PLL。带校准用于RTC的32 kHz的晶振。

④调试模式:串行调试(SWD)和JTAG接口。最多高达112个的快速I/O端口、最多多达

11 个定时器、最多多达 13 个通信接口。

STM32 是一个微控制器产品系列的总称，目前这个系列中已经包含了多个子系列，分别是：STM32 小容量产品、STM32 中容量产品、STM32 大容量产品和 STM32 互联型产品；按照功能上的划分，又可分为 STM32F101 × ×、STM32F102 × ×和 STM32F103 × ×系列。

在本节内容所使用的 STM32 型号是 STM32F103C8T6，其中“C”指 48 个引脚，“8”是指 64 KB的闪存存储器，“T”是 LQFP 封装方式，“6”是指 -40 ℃ ~85 ℃工业级温度范围。

6.5.2 STM32 最小系统

单片机最小系统(或称为最小应用系统)，是指用最少的元件组成的单片机可以工作的系统。此项目最小系统板是用的 STM32F103C8T6 单片机位控制器外接电源电路、复位电路、时钟电路、下载电路以及启动模式转换电路。

(1)电源电路

电源电路是最小系统能量来源，此系统一路将 5 V 电源转化为 3.3 V 电源，还可以通过 USB 电路供电，如图 6.53 所示。

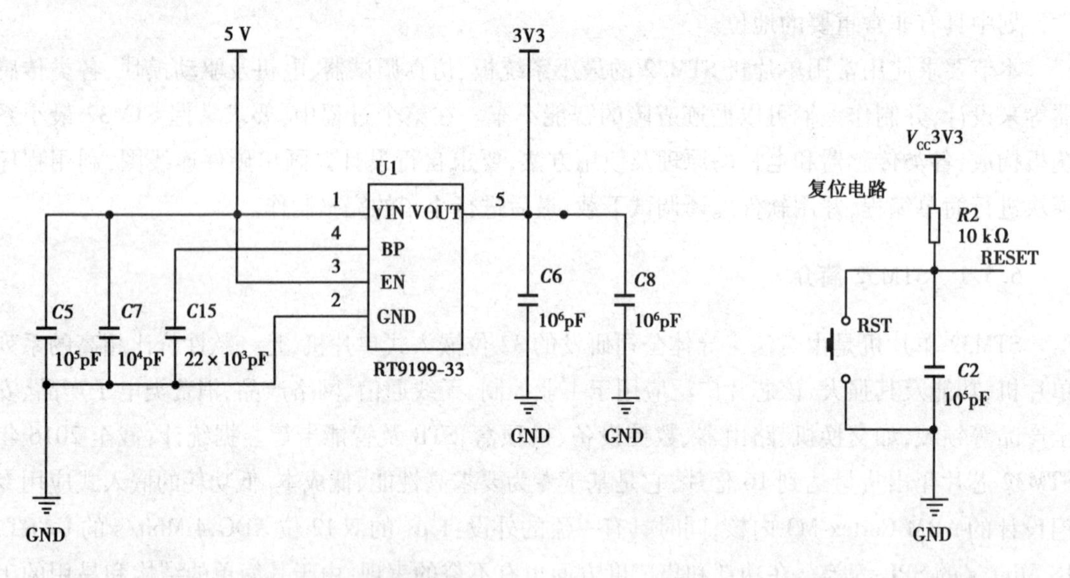

图 6.53 电源电路图　　图 6.54 复位电路原理图

(2)复位电路

此系统是低电平复位，按下按钮输入低电平，如图 6.54 所示。

(3)时钟电路

时钟电路由一个 8 MHz 的晶振与两个 20 pF 的电容并联组成，还有一个低速晶振为 32.768 kΩ和两个 20 pF 电容并联组成，如图 6.55 所示。

(4)下载电路

下载电路为 J-Link 下载电路，J-Link 仿真器可以通过次电路将程序烧录进单片机里，如图 6.56 所示。

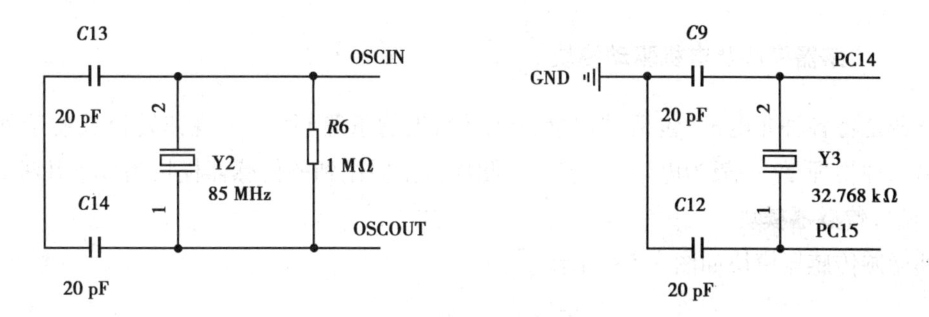

图6.55　时钟电路原理图

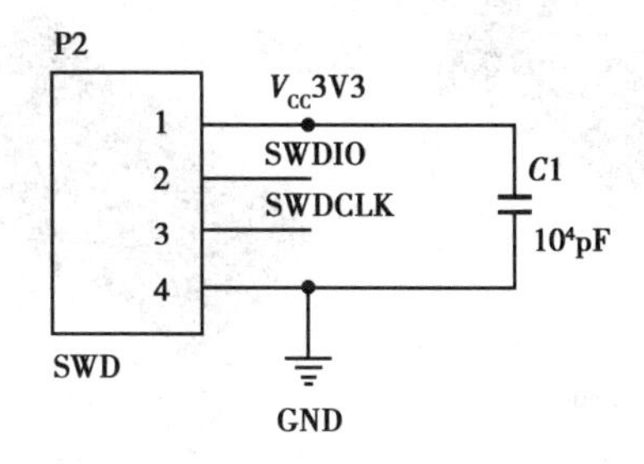

图6.56　下载电路原理图

(5)启动模式

在STM32F10×××里,可以通过BOOT[1/0]引脚选择三种不同启动模式,其电路原理图如图6.57所示,启动模式选择设置见表6.13。

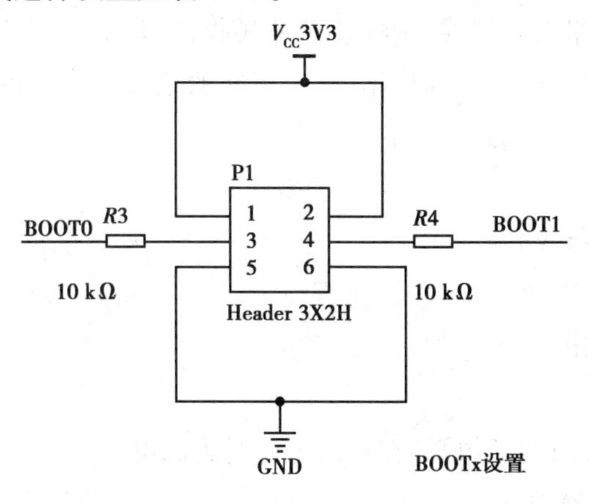

图6.57　启动模式电路原理图

表6.13　启动模式选择

启动模式选择引脚		启动模式	说　明
BOOT1	BOOT0		
—	0	主闪存存储器	主闪存存储器被选为启动区域
0	1	系统存储器	系统存储器被选为启动区域
1	1	内置SRAM	内置SRAM被选为启动区域

6.5.3 传感器模块及电机驱动模块

传感器是将各种非电量(包括物理量、化学量、生物量等)按一定规律转换成便于处理和运输的另一种物理量(一般为电量)的装置。此项目主要用到的传感器模块为以下几种。

(1)循迹传感器模块

红外循迹传感器模块如图 6.58 所示。

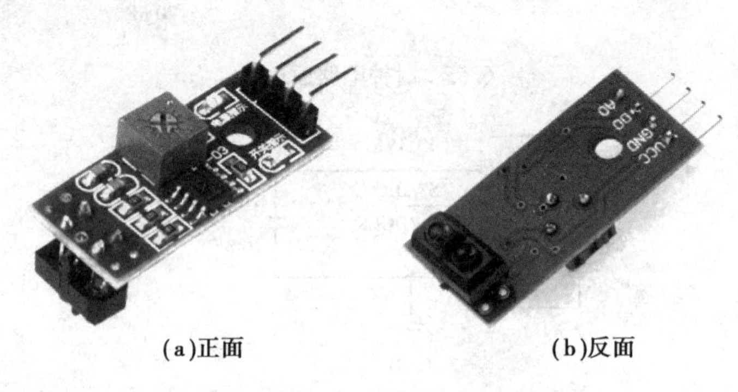

(a)正面　　(b)反面

图 6.58　红外循迹传感器模块

1)工作原理

红外探测法,即利用红外线在不同颜色的物体表面具有不同的反射性质的特点,在小车行驶过程中不断地向地面发射红外光,当红外光遇到白色纸质地板时发生漫反射,反射光被装在小车上的接收管接收;如果遇到黑线,则红外光被吸收,小车上的接收管接收不到红外光。单片机就是否收到反射回来的红外光为依据,确定黑线的位置和小车的行走路线。红外探测器探测距离有限,一般最大不应超过 15 cm。

2)接线方式

V_{CC}:接电源正极(3 ~5 V)

GND:接电源负极

D0:TTL 开关信号输出

A0:模拟信号输出

当传感器在黑线上方时为低电平,在白线上方时为高电平。

(2)红外避障传感器模块

红外避障传感器模块如图 6.59 所示。

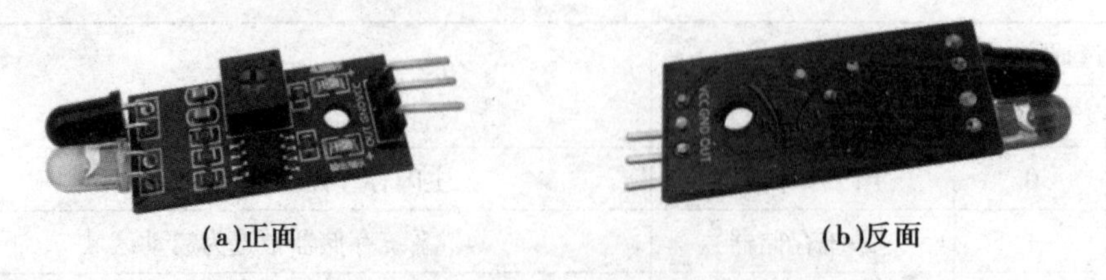

(a)正面　　(b)反面

图 6.59　红外避障传感器模块

1)工作原理

传感器的红外发射二极管不断地发射红外线,当发射出的红外线没有被反射回来或被反射回来但强度不够大时,光敏三极管一直处于关断状态,此时模块的输出端为高电平,指示二极管一直处于熄灭状态;被检测物体出现在检测范围内时,红外线被反射回来且强度足够大,光敏三极管饱和,此时模块的输出端为低电平,指示二极管被点亮。传感器检测到这一信号,就可以确认正前方有障碍物,并传送给单片机。

2)接线方式

V_{CC}:接电源正极(3 ~5 V)

GND:接电源负极

OUT:数字量输出接口

(3)**超声波传感器模块**

超声波传感器模块如图 6.60 所示。

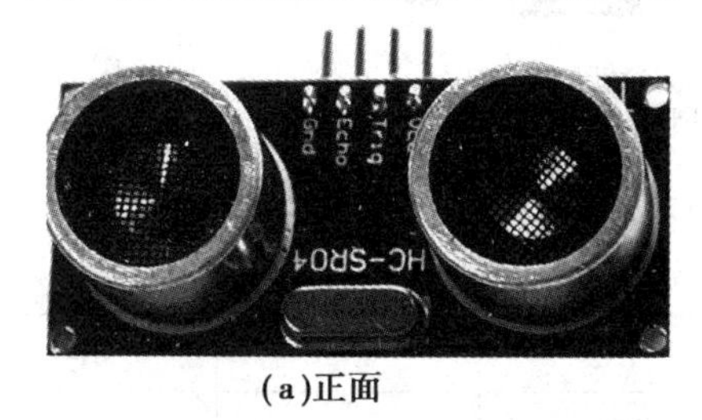

(a)正面

(b)反面

图 6.60　超声波传感器模块

1)避障和测距的功能

超声波传感器主要采用直接反射式的检测模式。位于传感器前面的被检测物通过将发射的声波部分地发射回传感器的接收器,从而使传感器检测到被测物。

超声波测距原理是通过超声波发射器向某一方向发射超声波,在发射时刻的同时开始计时,超声波在空气中传播时遇到障碍物就立即返回来,超声波接收器收到反射波就立即停止计时。超声波在空气中的传播速度为 v,而根据计时器记录的测出发射和接收回波的时间差 Δt,就可以计算出发射点距障碍物的距离 s,即

$$s = \frac{1}{2}v \cdot \Delta t$$

2)工作原理

一个控制口发一个 10 μs 以上的高电平,就可以在接收口等待高电平输出.一有输出就可以开定时器计时,当此口变为低电平时,就可以读定时器的值。此时,就为此次测距的时间,方可算出距离。如此不断地周期测,就可以达到移动测量的值。

3)接线方式

V_{CC}:接电源正极(3 ~5 V)

GND:接电源负极

Trig/Tx:控制端

Echo/Rx:信号接收端

(4)**直流电机驱动模块**

单片机 IO 口无法直接驱动电机,必须利用电机驱动模块才能保证电机正常运转,L298N 电机驱动模块如图 6.61 所示,电机控制真值表见表 6.14。

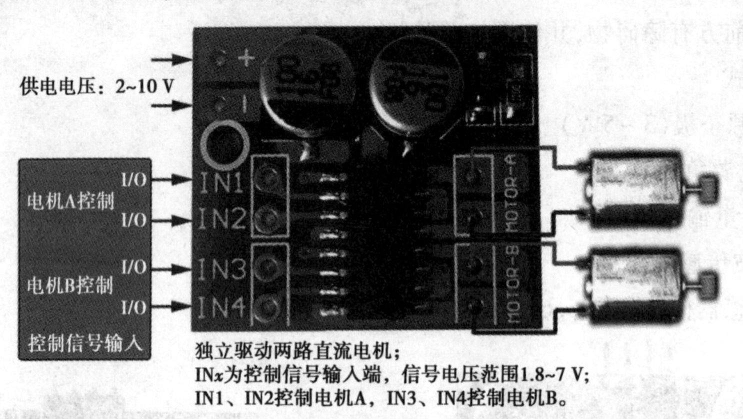

图 6.61　电机驱动模块示意图

表 6.14　电机控制真值表

直流电机	旋转方式	IN1	IN2	IN3	IN4
MOTOR-A	正转(调速)	1/PWM	0		
	反转(调速)	0	1/PWM		
	待机	0	0		
	刹车	1	1		
MOTOR-B	正转(调速)			1/PWM	0
	反转(调速)			0	1/PWM
	停止			0	0
	刹车			1	2

注:①"1",代表高电平;"0",代表低电平;"PWM",代表脉宽调制波,调节占空比改变转速;

②IN1、IN2 控制直流电机 A; IN3、IN4 控制直流电机 B; 两路是完全独立的;

③已输入端 INx 有防共态导通功能,悬空时等效于为低电平输入。

(5)**降压稳压模块**

因为单片机需要供电电压为 3.3 V,电池盒提供电压为 6 V,所以必须经过降压处理。降压稳压模块如图 6.62 所示。

6.5.4　控制电机简介

电机(俗称马达)是指依据电磁感应定律实现电能转换或传递的一种电磁装置,在电路中

图6.62　降压稳压模块

用字母“M”(旧标准用“D”)表示。它的主要作用是产生驱动转矩作为各种机械传动的动力源。利用齿轮、丝杆等传动机构可以将旋转运动变换为直线运动,其主要用于拖动和位置控制。电机的种类很多,但作为控制用的电机主要有以下几种:

(1)**直流电机**

直流电机结构简单,其转速主要与提供电压有关。在额定电压范围内,电压高,则转速快;电压低,则转速慢。因此,可以通过调节PWM波的占空比来调节电压有效值高低,达到控制转速的目的。该智能小车项目使用的是直流减速电机,如图6.63所示。

图6.63　直流减速电机

(2)**步进电机**

步进电机主要用于位置控制,步进电机由脉冲驱动,当电机得到一个脉冲,步进电机转动一个角度,这个角度称为步距角。例如,一个步进电机步距角为1.8°,若使步进电机转动90°,向步进电机驱动电源输出50个脉冲就能实现。

(3)**伺服电机**

伺服电机与步进电机原理类似,也是脉冲驱动,但是伺服电机是闭环,控制更精确,步进电机速度过快时会存在失步现象,但伺服电机每转动一个角度会反馈一个信号,控制器就可以监控伺服电机转动的角度,避免产生失步。

6.5.5　工程模板建立

(1)Keil **软件介绍**

Keil是由德国慕尼黑的Keil Elektronik GmbH和美国德克萨斯的Keil Software组成的公司。Keil软件是目前最流行开发51和32系列单片机的开发软件,支持C语言、汇编语言等。Keil提供了包括C编译器、宏汇编、连接器、库管理和一个功能强大的仿真调试器等在内的完整开发方案,通过一个集成开发环境(uVision)将这些部分组合在一起。运行Keil软件需要Windows 2000、Windows XP等操作系统。

（2）建立工程步骤

①新建文件夹，并命名文件夹名称，比如“test”文件夹，并在该文件夹中新建 5 个文件夹，test 目录如图 6.64 所示。

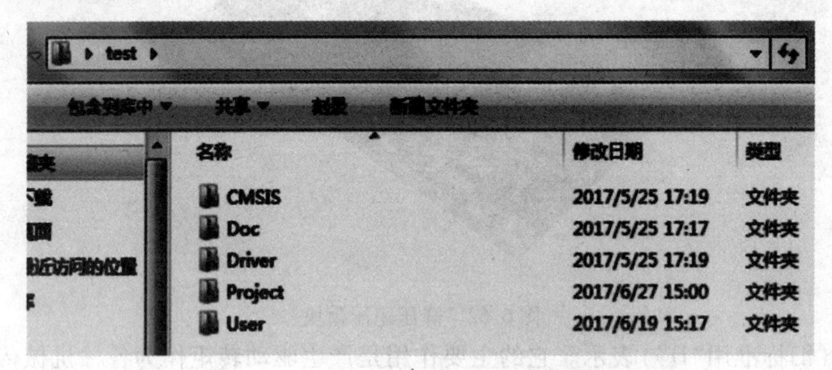

图 6.64　test 目录

②CMSIS 中放置内核，新建 2 个文件夹，CMSIS 目录如图 6.65 所示。

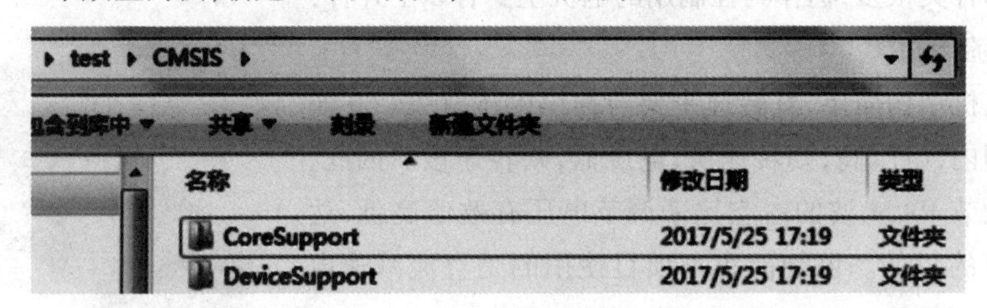

图 6.65　CMSIS 目录

③将 3.5.0 版本固件库里 CMSIS 文件夹中的“CoreSupport”和“DeviceSupport”文件夹，拷贝到自己的 test > CMSIS 文件夹中，固件库 CMSIS 目录如图 6.66 所示。

图 6.66　固件库 CMSIS 目录

test 文件夹中 Doc 文件夹里通常放置说明文件。test 文件夹中 Diver 文件夹里放置外设的驱动，将固件库中的“STM32F10x_StdPeriph_Driver”文件夹里的“inc”（头文件）和“src”（源程序）2 个文件夹，拷贝到 test > Diver 文件夹中，固件库外设驱动文件夹如图 6.67 所示。

打开 keil 软件，在 test > Project 里新建工程，如图 6.68 所示。

④单击工具栏中图标，在打开的对话框里，添加源程序，注意 Groups 里面没有 Project

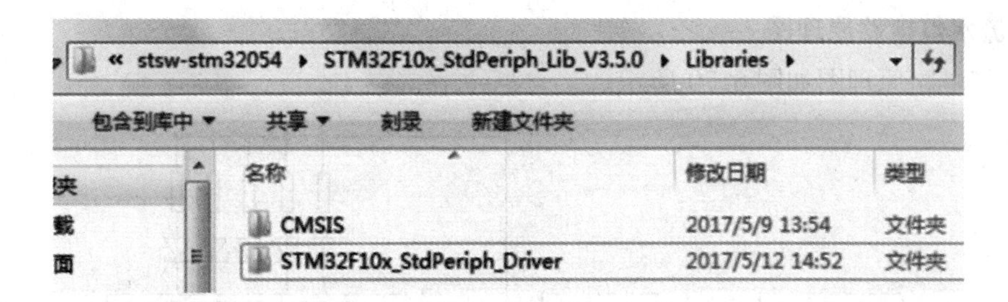

图6.67　固件库外设驱动文件夹

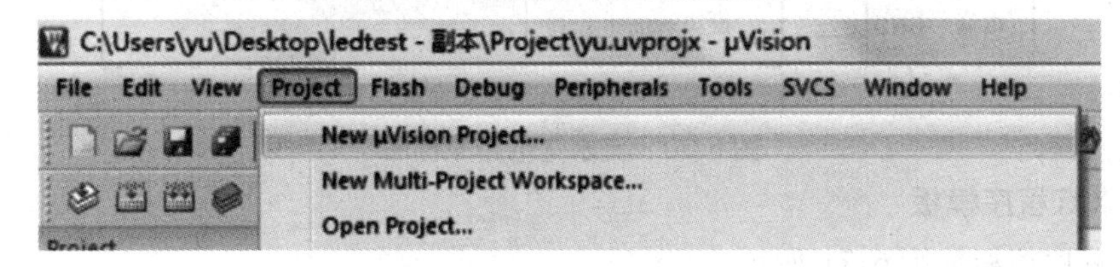

图6.68　新建工程

而是Startup(启动文件)。单击工具栏中 图标,在打开的对话框,单击“C/C ++”,选择“Include Paths”,添加头文件,如图6.69所示。

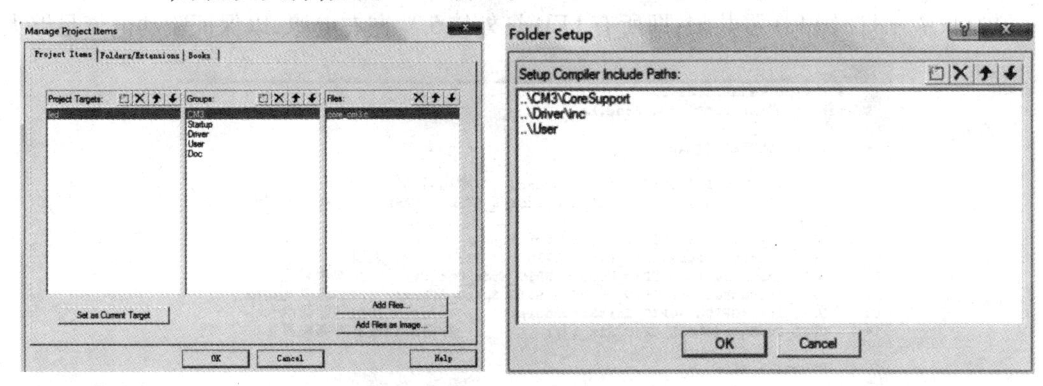

图6.69　添加源程序和头文件

⑤工程模板建立好后,单击编译 ,编译无误后可写入程序,将仿真调试接入电脑和STM32最小系统板之间,单击“download”进行程序烧录。

6.5.6　智能小车实训项目

【项目1　流水灯】

(1)项目概述

用单片机控制6个LED灯,形成流水灯效果,即每次只点亮一个灯,点亮顺序为LED1→LED2→LED3→LED4→LED5→LED6,此项目主要是利用单片机GPIO口输出高低电平,从而控制灯的亮灭。

(2)**流水灯电路原理图**

流水灯电路原理图如图 6.70 所示。

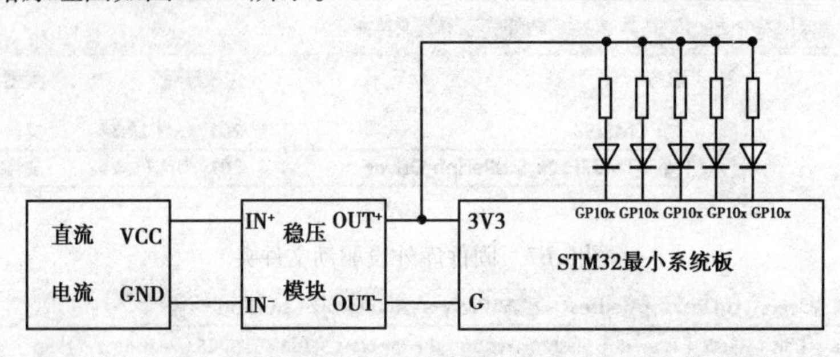

图 6.70　流水灯电路原理图

(3)**流水灯程序模板**

流水灯程序模板如图 6.71 所示。

(4)**注意事项**

①LED 灯额定电流较小,每一个灯前或后需串联一个 1 kΩ 左右的电阻限流,保证 LED 灯不被烧坏。

②制作流水灯时 LED 需共阳,即所有 LED 灯外接 5 V 左右电源,以保证驱动电流足够大。

```
main.c*
1   #include <stm32f10x.h>
2   #include <stm32f10x_BitBand.h>
3
4   void prgLEDInit(void)
5   {
6     GPIO_InitTypeDef GPIO_InitStructure;  //声明结构体
7     RCC_APB2PeriphClockCmd( RCC_APB2Periph_GPIOC,ENABLE);  //使能PC端口时钟
8     //配置GPIO
9     GPIO_StructInit(&GPIO_InitStructure);
10    GPIO_InitStructure.GPIO_Pin = GPIO_Pin_13;  //端口配置
11    GPIO_InitStructure.GPIO_Mode = GPIO_Mode_Out_PP;    //推挽输出
12    GPIO_InitStructure.GPIO_Speed = GPIO_Speed_50MHz;    //IO速度为50MHz
13    GPIO_Init(GPIOC,&GPIO_InitStructure);    //根据设定参数初始化GPIOC
14    GPIO_SetBits(GPIOE,GPIO_Pin_13);          //将PC13设置为高电平
15
16    PCout(13)=1;
17  }
18
19  int main(void)
20  {
21    prgLEDInit();
22    while(1)
23    {
24      PCout(13)=0;
25    }
26  }
```

图 6.71　流水灯程序模板

【项目 2　电机驱动】

(1)**项目概述**

单片机控制直流减速电机,使电机正转、反转以及控制电机转速快慢,从而实现小车的前进、后退以及转向。此项目是利用单片机 GPIO 口输出不同占空比的 PWM 波,从而改变电机的转速及转向。

(2)电机驱动原理图

电机驱动原理图如图 6.72 所示。

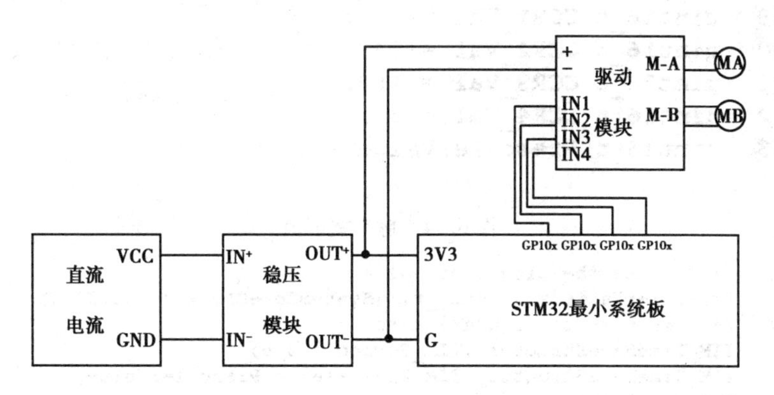

图 6.72 电机驱动原理图

(3)软件程序模板

打开固件库中 32STM 定时器 TIM 的 PWM 波输出程序模板,如图 6.73 所示。

▸ STM32F10x_StdPeriph_Examples ▸ TIM ▸ PWM_Output 搜索 PWM_Output

共享 ▾ 刻录 新建文件夹

名称	修改日期	类型	大小
main.c	2011/4/4 18:57	C 文件	8 KB
readme.txt	2011/4/4 18:57	文本文档	6 KB
stm32f10x_conf.h	2011/4/4 18:57	H 文件	4 KB
stm32f10x_it.c	2011/4/4 18:57	C 文件	5 KB
stm32f10x_it.h	2011/4/4 18:57	H 文件	2 KB
system_stm32f10x.c	2011/4/4 18:57	C 文件	36 KB

图 6.73 固件库 PWM 波例程

文件夹路径如下:

stsw-stm32054\STM32F10x_StdPeriph_Lib_V3.5.0\Project\STM32F10x_StdPeriph_Examples\TIM\PWM_Output。

将该文件夹中所有“.c”和“.h”文件全复制到工程模板的“User”文件中并代替。此时,打开 Project 中工程,打开 main.c 可以看到已经是 PWM 波输出的程序模板。该模板中使用了 STM 定时器 3,即 TIM3 输出 4 路 PWM 波,脉冲宽度为 CCR1_Val,PWM 周期为 TIM_TimeBaseStructure.TIM_Period 可改变其数值,从而改变占空比和周期的值(脉冲宽度与周期的比值),进而改变电机两端电压进行电机的调速,如图 6.74 所示。

PWM 波例程如图 6.75 所示。将 PWM 周期 Period 设置为“665”,并开启 TIM3 的 PWM 通道 1,将 CCR1_Val 的值赋给脉冲宽度 Pulse。

使能端口时钟程序如图 6.76 所示。

```
37  TIM_TimeBaseInitTypeDef  TIM_TimeBaseStructure;
38  TIM_OCInitTypeDef  TIM_OCInitStructure;
39  uint16_t CCR1_Val = 333;
40  uint16_t CCR2_Val = 249;
41  uint16_t CCR3_Val = 166;
42  uint16_t CCR4_Val = 83;
43  uint16_t PrescalerValue = 0;
```

图 6.74 脉冲宽度值

```
87   /* Compute the prescaler value */
88   PrescalerValue = (uint16_t) (SystemCoreClock / 24000000) - 1;
89   /* Time base configuration */
90   TIM_TimeBaseStructure.TIM_Period = 665;
91   TIM_TimeBaseStructure.TIM_Prescaler = PrescalerValue;
92   TIM_TimeBaseStructure.TIM_ClockDivision = 0;
93   TIM_TimeBaseStructure.TIM_CounterMode = TIM_CounterMode_Up;
94
95   TIM_TimeBaseInit(TIM3, &TIM_TimeBaseStructure);
96
97   /* PWM1 Mode configuration: Channel1 */
98   TIM_OCInitStructure.TIM_OCMode = TIM_OCMode_PWM1;
99   TIM_OCInitStructure.TIM_OutputState = TIM_OutputState_Enable;
100  TIM_OCInitStructure.TIM_Pulse = CCR1_Val;
101  TIM_OCInitStructure.TIM_OCPolarity = TIM_OCPolarity_High;
102
103  TIM_OC1Init(TIM3, &TIM_OCInitStructure);
104
105  TIM_OC1PreloadConfig(TIM3, TIM_OCPreload_Enable);
```

图 6.75 PWM 波例程

```
145  void RCC_Configuration(void)
146  {
147    /* TIM3 clock enable */
148    RCC_APB1PeriphClockCmd(RCC_APB1Periph_TIM3, ENABLE);
149
150    /* GPIOA and GPIOB clock enable */
151    RCC_APB2PeriphClockCmd(RCC_APB2Periph_GPIOA | RCC_APB2Periph_GPIOB |
152                           RCC_APB2Periph_GPIOC | RCC_APB2Periph_AFIO, ENABLE);
153  }
154
```

图 6.76 使能端口时钟

GPIO 端口配置程序如图 6.77 所示。配置 GPIO，TIM3 的 4 路 PWM 通道对应 PC1、PC2、PC3、PC4 或者 PA6、PA7、PB0、PB1。

(4)注意事项

①4 节干电池驱动能力不足以驱动直流减速电机，需要连接前面所提到的 L298N 电机驱动模块，保证其正常工作。

②小车采用差速转向原理，但在调试小车转向动作之前，应当先调试好小车直走程序，因为每个电机转速对应的占空比有细微差别，所以两电机即使采用相同占空比的 PWM 信号，小车也不一定就能直行。

```
160  void GPIO_Configuration(void)
161  {
162    GPIO_InitTypeDef GPIO_InitStructure;
163
164  #ifdef STM32F10X_CL
165    /*GPIOB Configuration: TIM3 channel1, 2, 3 and 4 */
166    GPIO_InitStructure.GPIO_Pin =  GPIO_Pin_6 | GPIO_Pin_7 | GPIO_Pin_8 | GPIO_Pin_9;
167    GPIO_InitStructure.GPIO_Mode = GPIO_Mode_AF_PP;
168    GPIO_InitStructure.GPIO_Speed = GPIO_Speed_50MHz;
169
170    GPIO_Init(GPIOC, &GPIO_InitStructure);
171
172    GPIO_PinRemapConfig(GPIO_FullRemap_TIM3, ENABLE);
173
174  #else
175    /* GPIOA Configuration:TIM3 Channel1, 2, 3 and 4 as alternate function push-pull */
176    GPIO_InitStructure.GPIO_Pin = GPIO_Pin_6 | GPIO_Pin_7;
177    GPIO_InitStructure.GPIO_Mode = GPIO_Mode_AF_PP;
178    GPIO_InitStructure.GPIO_Speed = GPIO_Speed_50MHz;
179
180    GPIO_Init(GPIOA, &GPIO_InitStructure);
181
182    GPIO_InitStructure.GPIO_Pin = GPIO_Pin_0 | GPIO_Pin_1;
183    GPIO_Init(GPIOB, &GPIO_InitStructure);
184  #endif
185  }
```

图6.77　PWM波GPIO端口配置

【项目3　循迹小车】

(1)项目概述

在项目2的基础上加上两个循迹模块,使小车可以按照黑色轨迹线行进。此项目是利用循迹传感器识别黑线,一旦小车偏离黑线,小车两个轮子便产生差速,使小车纠偏发生转向,从而转回轨道上来。

(2)电路原理图

循迹小车电路原理图如图6.78所示。

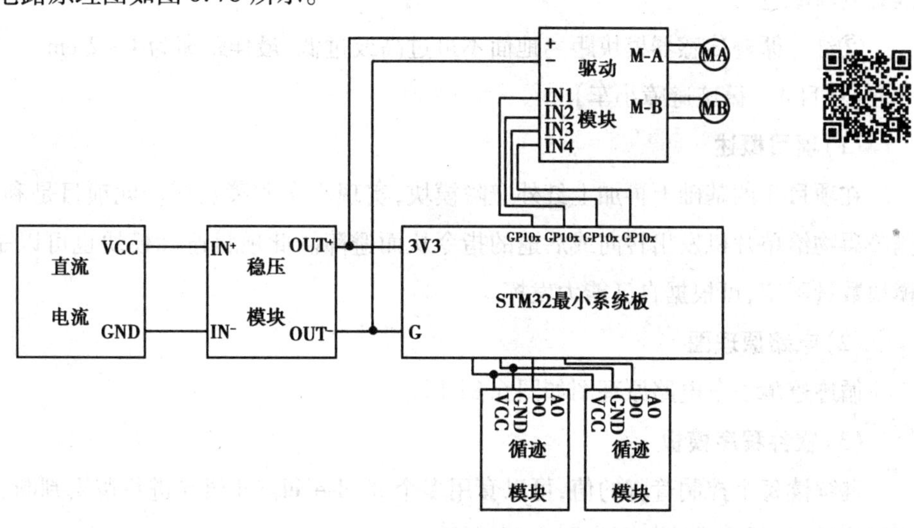

图6.78　循迹小车电路原理图

(3)循迹小车程序模板

首先对管脚进行一系列的初始化操作。因为要判断这些管脚的状态,所以在初始化时应该将它们全部设置成浮空输入,初始化端口配置如图6.79所示。

```
136 void Traction_GPIO_Configuration(void)
137 {
138     GPIO_InitTypeDef GPIO_InitStructure;
139     RCC_APB2PeriphClockCmd(RCC_APB2Periph_GPIOC|RCC_APB2Periph_GPIOB, ENABLE);
140 
141     GPIO_InitStructure.GPIO_Pin =GPIO_Pin_14|GPIO_Pin_15|GPIO_Pin_12; //端口配置
142     GPIO_InitStructure.GPIO_Speed = GPIO_Speed_50MHz;
143     GPIO_InitStructure.GPIO_Mode = GPIO_Mode_IN_FLOATING;//浮空输入
144     GPIO_Init(GPIOC, &GPIO_InitStructure);
145     GPIO_Init(GPIOB, &GPIO_InitStructure);
146     //GPIO_SetBits(GPIOD,GPIO_Pin_11|GPIO_Pin_12|GPIO_Pin_13|GPIO_Pin_14);
147 }
```

图 6.79　循迹小车 GPIO 端口配置

读每个控制管脚的值,判断循迹模块状态,然后进行相应的转向操作,如图 6.80 所示。

```
70 while (1)
71 {
72     if(GPIO_ReadInputDataBit(GPIOB, GPIO_Pin_12)== 0 )
73     {
74       TIM_Pulse(dat[4][0],dat[4][1],dat[4][2],dat[4][3]);
75     }
76     else
77     {
78       TIM_Pulse(dat[0][0],dat[0][1],dat[0][2],dat[0][3]);
79     }
80 }
```

图 6.80　循迹转向例程

(4)**注意事项**

①光线对红外传感器影响较大,需仔细调试红外循迹传感器模块上的可调电阻,确保它能准确判断颜色。

②红外循迹传感器模块距离地面不可过高或过低,最佳距离为 1 ~2 cm。

【项目 4　循迹避障小车】

(1)**项目概述**

在项目 3 的基础上再加上红外避障模块,实现小车避障功能。此项目是利用避障模块检测障碍物给单片机发出转向或后退的指令从而避障。此项目避障模块也可以是超声波模块,模块数量不定,可根据自己能力发挥。

(2)**电路原理图**

循迹避障小车电路原理图如图 6.81 所示。

(3)**软件程序模板**

继续读每个控制管脚的值,可以套用多个 if、else、else if 语句进行逻辑判断,避障原理与循迹原理类似,循迹避障例程如图 6.82 所示。

(4)**注意事项**

①光线对红外传感器影响较大,需仔细调试红外避障传感器模块上的可调电阻,确保它能准确判断距离。

②由于红外避障传感器是应用漫反射原理，因而可以斜对着障碍物进行测距，而超声波传感器等只能垂直正对障碍物测得距离。

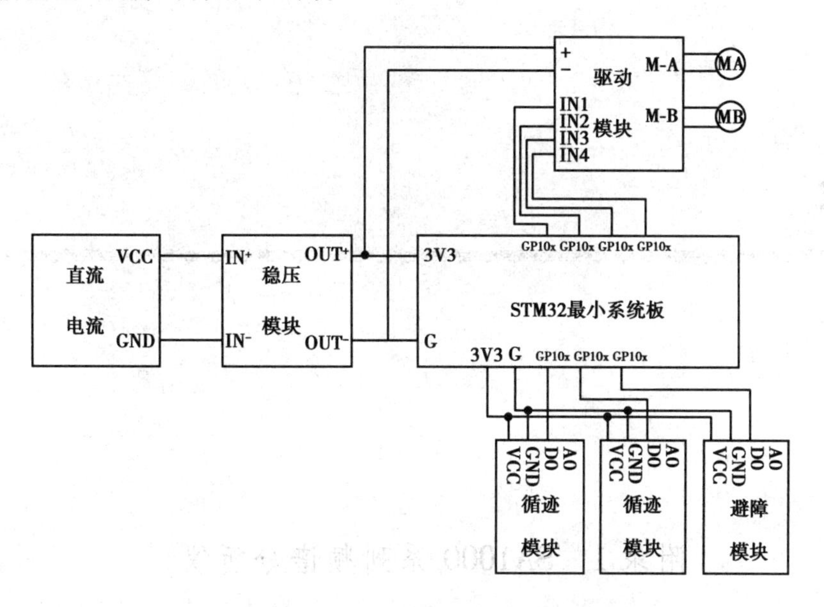

图6.81　循迹避障小车电路原理图

```
while (1)
{
  if (GPIO_ReadInputDataBit(GPIOC, GPIO_Pin_14)== 0 && GPIO_ReadInputDataBit(GPIOC, GPIO_Pin_15)== 0 )
    {
      TIM_Pulse(dat[0][0],dat[0][1],dat[0][2],dat[0][3]);
    }
  else if (GPIO_ReadInputDataBit(GPIOC, GPIO_Pin_14)== 1 && GPIO_ReadInputDataBit(GPIOC, GPIO_Pin_15)== 0 )
    {
      TIM_Pulse(dat[4][0],dat[4][1],dat[4][2],dat[4][3]);
    }
  else
    {
      TIM_Pulse(dat[0][0],dat[0][1],dat[0][2],dat[0][3]);
    }
}
```

图6.82　循迹避障例程

附　录

附录1　SA1000系列频谱分析仪

(1)频谱分析仪前面板

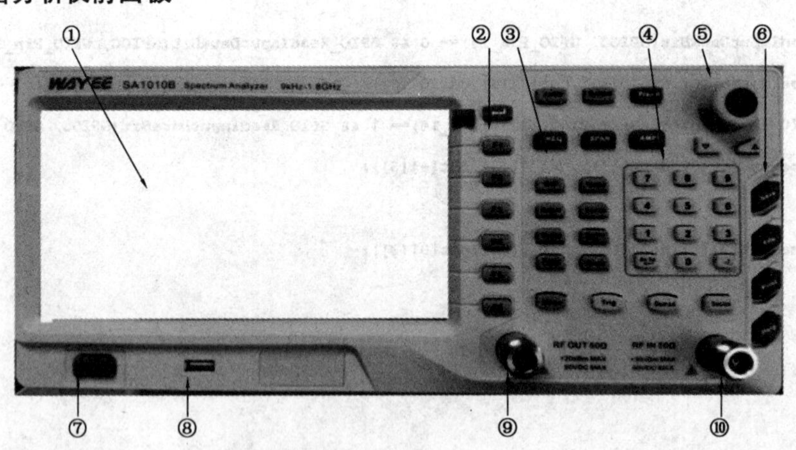

附图1.1　SA1000系列频谱分析仪前面板

附表1.1　频谱分析仪前面板功能

序　号	说　明	序　号	说　明
①	LCD显示屏	⑥	辅助功能区
②	软菜单区	⑦	电源开关
③	功能键区	⑧	USB接口
④	数字键区	⑨	跟踪源输出口
⑤	旋钮、方向选择键区	⑩	RF输入口

附表 1.2 频谱分析仪前面板功能键描述

FREQ	设置中心、起始和终止频率
SPAN	设置扫描的频率范围
SPAN	设置参考电平、射频衰减器、前置放大、刻度及单位等参数
AUTO	全频段自动搜索定位信号
System	设置系统 I/O、语言、时间、校准等系统参数
Preset	系统复位按键
BW	设置频谱分析仪分辨率带宽、视频带宽、迹线平均、扫描时间等参数
Trace	设置扫描信号的迹线及最大、最小保持等相关参数
Detect	设置检波器检波方式
Sweep	设置扫描方式、时间及扫描点数
Marker	用于标记迹线上的点，读出幅度、频率等参数
Marker Fctn	用于频率计数、NdB 带宽、频标噪声测试
Marker →	弹出与频标功能相关的软菜单
Peak	打开峰值搜索的设置菜单，并执行峰值搜索功能

(2)频谱分析仪后面板说明

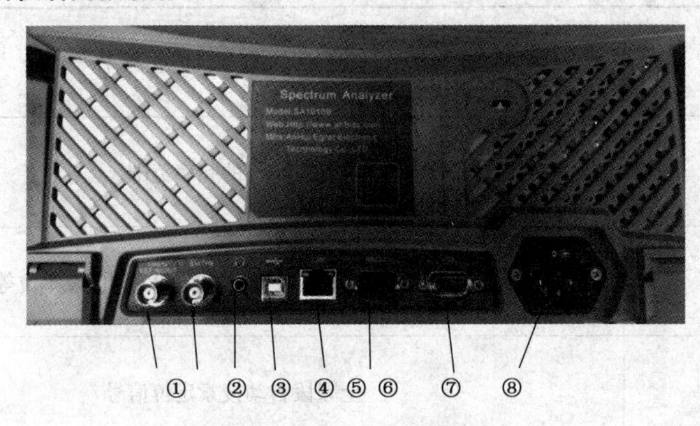

附图 1.2　频谱分析仪后面板

附表 1.3　频谱分析仪后面板接口说明

序　号	说　明
①	10 MHz 参考输入/输出参考时钟输入/输出接口通过 BNC 电缆实现连接
②	外触发接口
③	音频输出接口
④	USB 通信接口
⑤	LAN 通信接口
⑥	RS232 串口通信
⑦	VGA 接口视频信号输出
⑧	AC 电源接口及电源开关

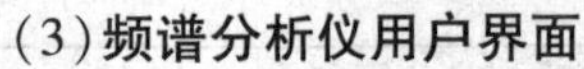

(3)频谱分析仪用户界面

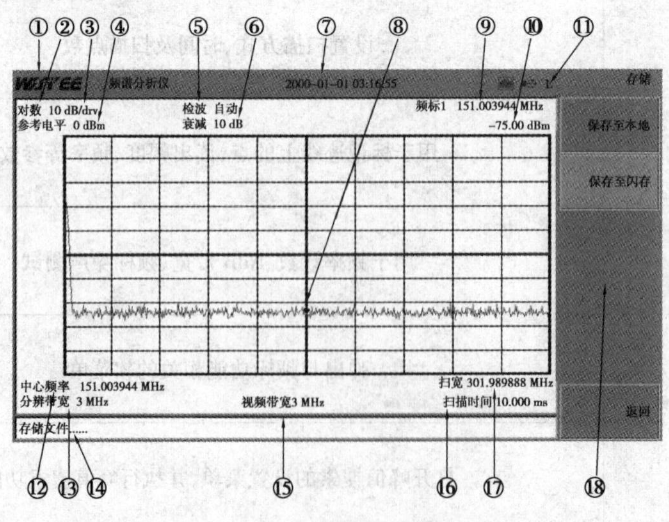

附图 1.3　频谱分析仪用户界面

附表 1.4　频谱分析仪用户界面说明

序　号	名　称	说　明
①	WAYEE	安徽白鹭电子的 LOGO
②	显示格式	数据输出格式对数或线性
③	刻度	设置比例
④	参考电平	参考电平设置值
⑤	检波方式	显示选择的检波方式
⑥	衰减值	显示衰减器衰减值
⑦	时间	显示日期时间
⑧	频标	频标
⑨	光标值	用于显示该点的频率
⑩	光标	光标幅度值
⑪	状态栏	打印机接口标识、USB 接口标识、网口接口标识
⑫	中心频率	显示中心频率
⑬	分辨率带宽	显示分辨率带宽
⑭	等待标识	用于显示系统等待标识
⑮	视频带宽	显示视频分辨率带宽
⑯	扫描时间	系统扫描时间
⑰	扫宽	显示扫宽值
⑱	软菜单栏	显示软菜单相关按钮

附录2 EE3386 系列通用计数器

(1)通用计数器前面板

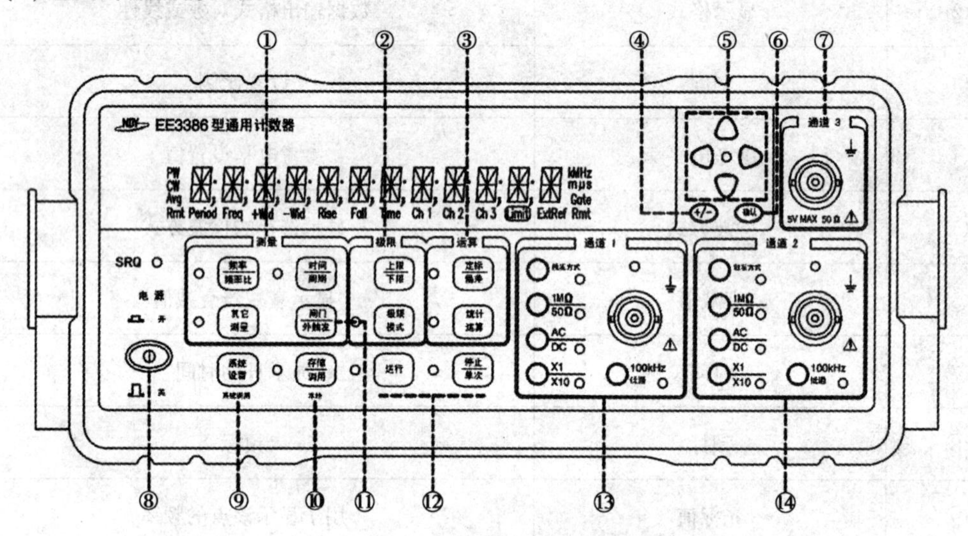

附图 2.1 通用计数器前面板

附表 2.1 通用计数器前面板说明

序 号	说 明
①	测量功能菜单键
②	极限功能菜单键
③	运算功能菜单键
④	符号(+或-)选择转换键
⑤	数据输入/选择(或箭头)键
⑥	确认数据输入(终止)键
⑦	500 MHz/1.5 GHz/2.5 GHz/3 GHz/6 GHz/9 GHz 输入通道
⑧	电源开关
⑨	系统设置菜单键
⑩	存储、调用和打印菜单键
⑪	闸门和外触发菜单键
⑫	测量控制键
⑬	通道 1 触发方式菜单键和输入参数设置键
⑭	通道 2 触发方式菜单键和输入参数设置键

共有 8 组不同的 LED 指示灯,描述见下表。

附表 2.2　LED 指示灯说明

指示灯	含　义
频率/频率比　时间/周期　其他测量	当其中一个指示灯亮时,表明此按键菜单(如"时间/周期"键)中的某一测量功能(如时间间隔测量功能)使能
定标/偏差　极限模式　统计运算　存储/调用/打印	当这些指示灯亮时,表明相应按键菜单使能项("极限模式"按键菜单中的 LIM TEST 项、"定标/误差"按键菜单中的 MATH 项、"统计运算"按键菜单中的 STATS 项和"存储/调用(打印)"按键菜单中的 PRINT 项功能使能(开)
触发方式	当此指示灯亮时,表明处于相应通道的触发方式菜单下
+/-　确认	当此指示灯闪烁时,表明箭头键有效,能用来修改或输入参数
运行　停止/单次	当相应指示灯亮时,表明连续测量或单次测量
	当此指示灯闪烁时,表明相应通道的输入信号已触发。若输入信号太低(与触发电平相比),指示灯一直亮;若输入信号太高,指示灯一直灭
1 MΩ/50 Ω　X1/X10　AC/DC　100 kHz 低通	当相应指示灯亮时,表明相应通道为 50 Ω 输入阻抗、直流耦合、输入信号衰减 10 倍和 100 kHz 低通滤波器有效;当相应指示灯灭时,表明相应通道为 1 MΩ 输入阻抗、交流耦合、输入信号不衰减和无低通滤波器
SRQ	当此指示灯亮时,表明计数器向控者提出服务请求。灯亮保持到控者识别了服务请求,进行了串行点名或发出取消服务请求的操作(如 * CLS 命令)

(2)通用计数器显示屏

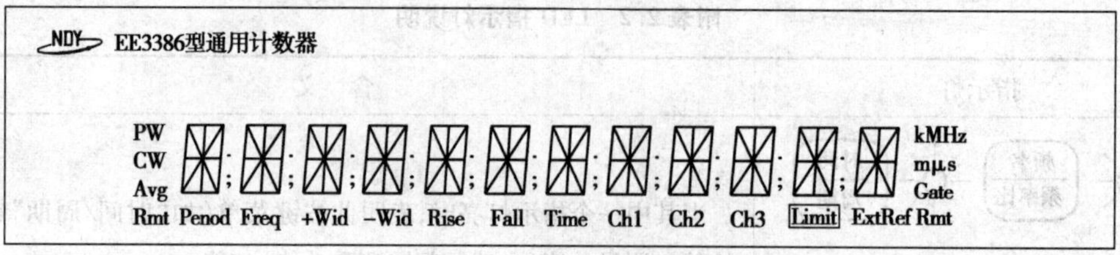

附图 2.2　通用计数器显示屏

附表 2.3　通用计数器显示屏说明

显　示	说　明
PW	(不显示)
CW	(不显示)
Avg	多次平均测量
Rmt	显示时表明计数器处于远控状态(此时“系统设置”键变为“本地”键),不显示时表明计数器处于本地状态
Period	计数器设置在测量周期功能
Freq	计数器设置在测量频率功能
+ Wid	计数器设置在测量正脉冲宽度功能
- Wid	计数器设置在测量负脉冲宽度功能
Rise	(不显示)
Fall	(不显示)
Time	计数器设置在测量时间间隔功能
Ch1	选择计数器通道 1 信号作为一个输入信号
Ch2	选择计数器通道 2 信号作为一个输入信号
Ch3	选择计数器通道 3 信号作为一个输入信号
Limit	计数器正在进行极限测量,并且当前测量结果超出设置的上下限
ExtRef	显示时表明后面板外标频输入插座外接 5 MHz 或 10 MHz 标频输入,即计数器使用外标频工作。不显示时表明计数器使用内部晶振
k	单位前缀,千(10^3)
M	单位前缀,兆(10^6)
Hz	显示数据的单位,赫[兹]
m	单位前缀,毫(10^{-3})
μ	单位前缀,微(10^{-6})
s	显示数据的单位,秒
Gate	闸门指示。显示时表示闸门开,不显示时表示闸门关
Single	(不显示)

(3)通用计数器后面板

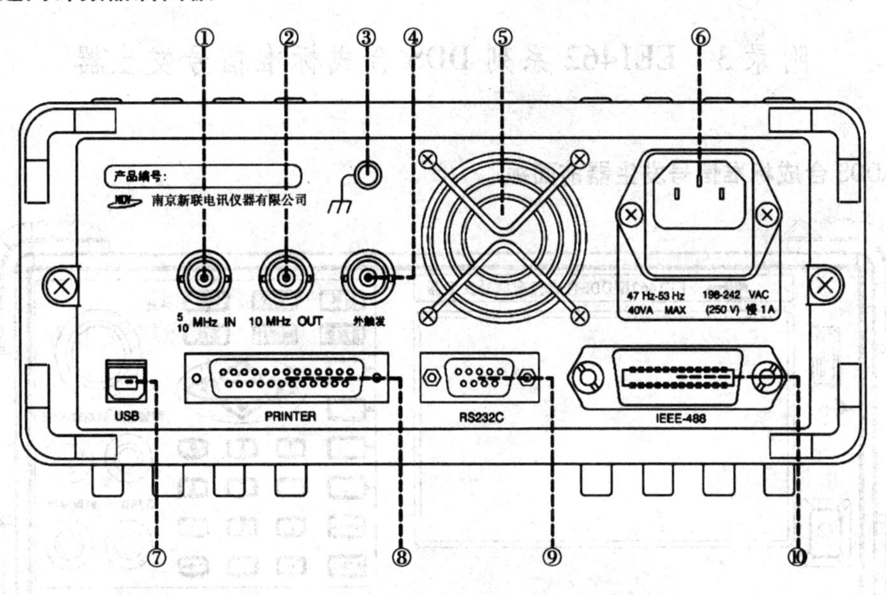

附图 2.3　通用计数器后面板

附表 2.4　通用计数器后面板说明

序　号	说　明
①	5/10 MHz IN 外标频输入插座
②	10 MHz OUT 输出插座
③	地线柱
④	外触发输入插座
⑤	风扇
⑥	电源插座(包含保险丝插座)
⑦	USB 通用串行接口
⑧	Centronics 标准打印机接口
⑨	RS232 通用串行接口
⑩	IEEE488 通用接口

附录3　EE1462 系列 DDS 合成标准信号发生器

(1) DDS 合成标准信号发生器前面板

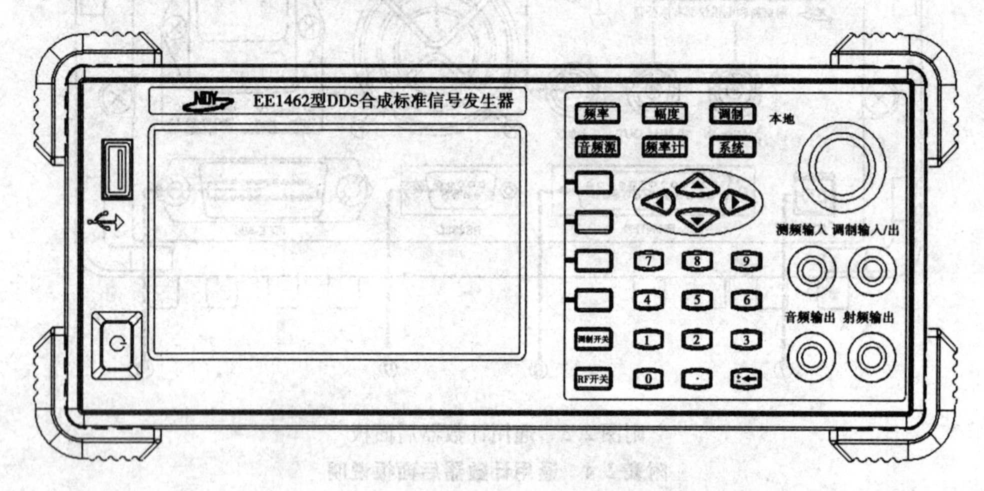

附图 3.1　DDS 合成标准信号发生器前面板

附表 3.1　DDS 合成标准信号发生器前面板说明

按键名称	说　明
频率	设置主函数频率
幅度	设置幅度
调制	选择调制方式
音频源	音频源功能
系统	系统功能设置，包括存入、调出和 GPIB 地址设置
频率计	频率测量方式
调制开关	调制开关切换
RF 开关	射频开关切换
上下左右按键	上键，增大光标位置的数字，相当于旋钮右旋；下键，减小光标位置的数字，相当于旋钮左旋；左键，向左移动光标位置；右键，向右移动光标位置
数字键盘	输入数字 0 ~ 9
±	正负键和数字输入退格键的复合按键，正/负号输入仅在射频信号幅度输入时有效
·	输入小数点

(2)DDS 合成标准信号发生器后面板

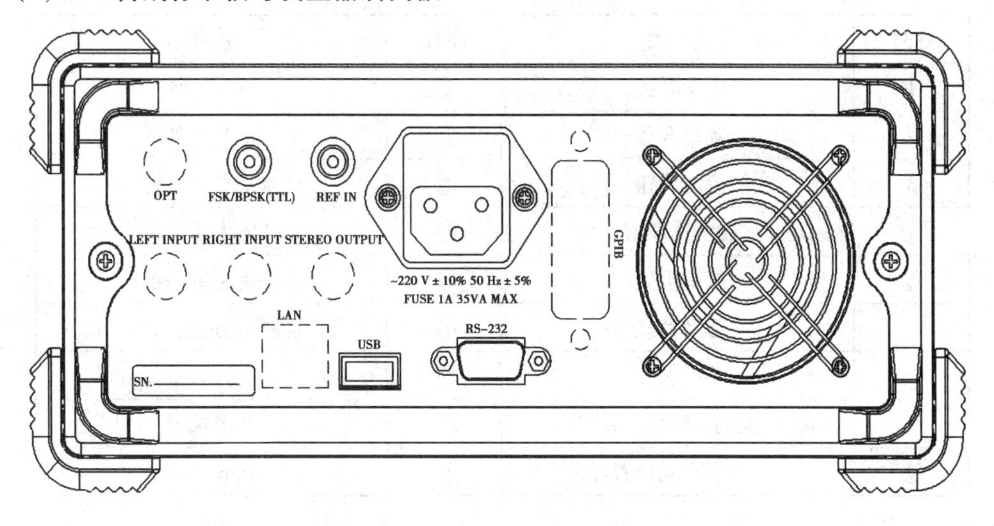

附图 3.2　DDS 合成标准信号发生器后面板

附录 4　SDS1000A 系列示波器

(1)示波器前面板

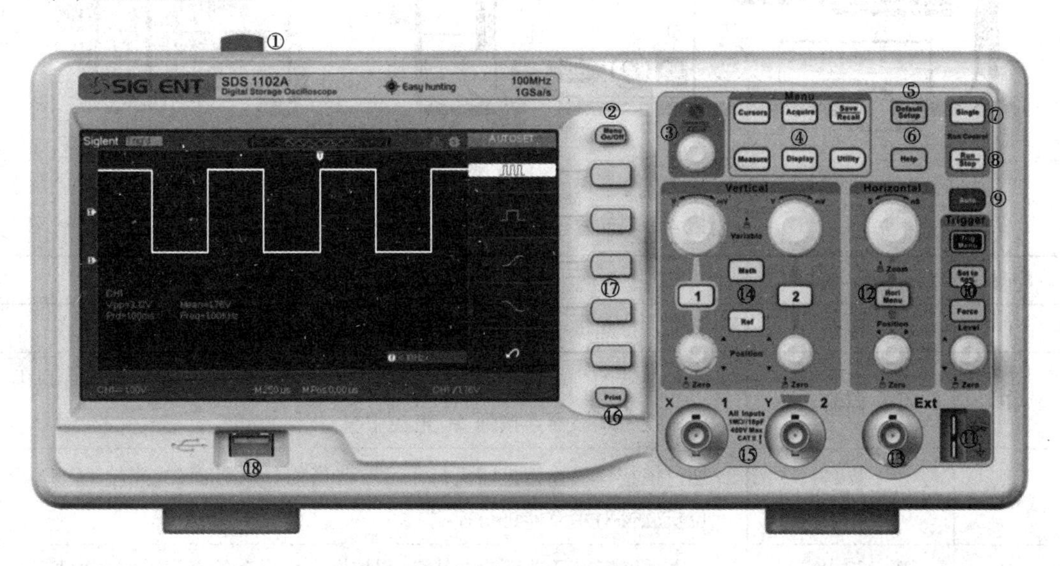

附图 4.1　示波器前面板

附表 4.1　示波器前面板说明

序号	说　明	序号	说　明
①	电源开关	⑩	触发系统
②	菜单开关	⑪	探头元件
③	万能旋钮	⑫	水平控制系统
④	功能选项键	⑬	外触发输入端
⑤	默认设置	⑭	垂直控制系统
⑥	帮助信息	⑮	模拟通道输入端
⑦	单次触发	⑯	打印键
⑧	运行/停止控制	⑰	菜单选项
⑨	波形自动设置	⑱	USB Host

(2)示波器后面板

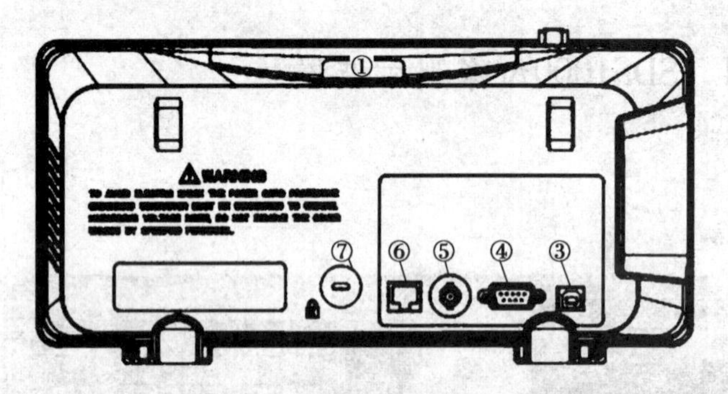

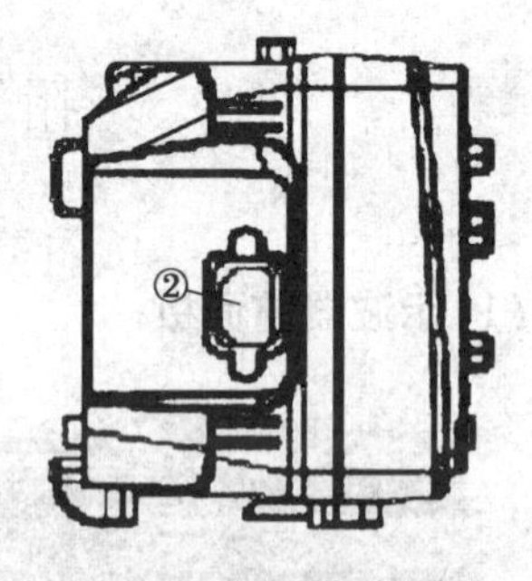

附图 4.2　示波器后面板及侧面板

附表 4.2　示波器后面板及侧面板说明

序号	名　称	说　明
①	手柄	垂直拉起该手柄,可方便提携示波器。不需要时,向下轻按即可
②	AC 电源输入端	本示波器的供电要求为 100 ~ 240 V,50/60/440 Hz。请使用附件提供的电源线将示波器连接到 AC 电源中
③	USB DEVICE	通过该接口可连接打印机打印示波器当前显示界面,或连接 PC,通过上位机软件对示波器进行控制
④	RS-232 接口	通过该接口可进行软件升级、程控操作以及连接 PC 端测试软件
⑤	Pass/Fail 输出口	通过该端口输出 Pass/Fail 检测脉冲
⑥	LAN 接口	通过上位机软件对示波器进行控制
⑦	锁孔	可以使用安全锁通过该锁孔,将示波器锁在固定位置

附录5　SDG1062系列函数/任意波形发生器

函数/任意波形发生器前面板如附图5.1所示。

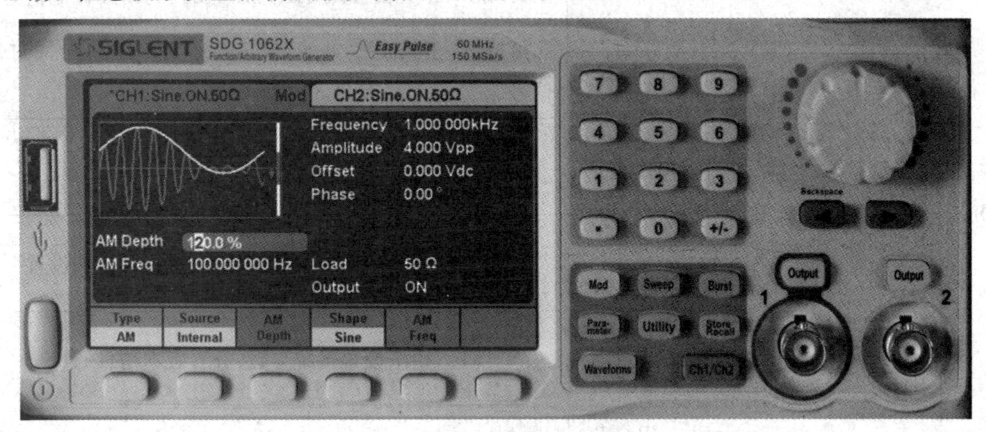

附图5.1　函数/任意波形发生器前面板

附表5.1　函数/任意波形发生器前面板说明

序　号	名　称	说　明
①	电源键	用于开启或关闭信号发生器。当该电源键关闭时,信号发生器处于断电状态
②	USB Host	支持FAT格式的U盘。可以读取U盘中的波形或状态文件,或将当前的仪器状态存储到U盘中
③	用户界面	采用4.3 inTFT-LCD显示屏,用以显示当前功能的菜单和参数设置、系统状态和提示信息等内容
④	数字键	用于输入参数,包括数字键“0”至“9”、小数点“.”、符号键“+/-”。注意,要输入一个负数,需要在输入数值时输入一个符号“-”
⑤	旋钮	在参数设置时,旋转旋钮用于增大(顺时针)或减小(逆时针)当前突出显示的数值;在存储或读取文件时,旋转旋钮用于向下(顺时针)或向上(逆时针)选择文件保存的位置或选择需要读取的文件
⑥	方向键	在使用旋钮设置参数时,用于切换数值的位,使用数字键盘输入参数时,左方向键用于删除光标左边的数字,在文件名输入时,用于改变移动光标的位置
⑦	CH1/CH2 输出控制端	左边的Output按键用于开启或关闭CH1的输出 右边的Output按键用于开启或关闭CH2的输出

续表

序　号	名　称	说　明	
⑧	通道切换键	该按键用于切换 CH1 或 CH2 为当前选中通道	
⑨	模式/辅助功能键	Mod 调制	可输出经过调制的波形，提供多种调制方式，可产生 AM、DSB-AM、FM、PM、ASK、FSK、PSK 和 PWM 调制信号
		Sweep 扫频	可产生“正弦波”“方波”“三角波”和“任意波”的扫频信号
		Burst 脉冲串	可产生“正弦波”“方波”“三角波”“脉冲波”“噪声”和“任意波”的脉冲串输出
		Parameter 参数设置键	可直接切换到设置参数的界面，进行参数的设置
		Utility 辅助功能与系统设置	用于设置系统参数，查看版本信息
		Store/Recall 存储与调用	可存储/调出仪器状态或者用户编辑的任意波形数据
⑩	波形选择键	Sine	提供频率从 1 μHz ~ 60 MHz 的正弦波输出
		Square	提供频率从 1 μHz ~ 60 MHz 的方波输出
		Ramp	提供频率从 1 μHz ~ 500 kHz 的三角波输出
		Pulse	提供频率从 1 μHz ~ 12.5 MHz 的脉冲波输出
		Noise	提供带宽为 60 MHz 的高斯白噪声输出
		DC	提供高阻负载下 -10 ~ 10 V、50 Ω 负载下 -5 ~ 5 V 的直流输出
		Arb	提供频率从 1 μHz ~ 6 MHz 的任意波输出
⑪	菜单软键	与其上面的菜单一一对应，按下任意一软键激活对应的菜单	

参考文献

[1]王天曦,等.电子技术工艺基础[M].2版.北京:清华大学出版社,2009.
[2]王天曦,等.电子工艺实习[M].北京:电子工业出版社,2013.
[3]刘宏.电子工艺实习[M].广州:华南理工大学出版社,2009.
[4]周春阳.电子工艺实习[M].北京:北京大学出版社,2013.
[5]罗辑.电子工艺实习教程[M].重庆:重庆大学出版社,2007.
[6]高家利,等.电子工艺实训教程[M].成都:西南交通大学出版社,2014.
[7]毛志阳,等.电工电子实训[M].北京:中国电力出版社,2012.
[8]王怀平,等.电工电子实训教程[M].北京:电子工业出版社,2011.
[9]王天曦,等.贴片工艺与设备[M].北京:清华大学出版社,2008.